U0623519

TOMOGRAPHIC DEEP LEARNING IMAGE RECONSTRUCTION TECHNIQUE
RESISTANCE AND RESISTANCE/ULTRASOUND DUAL-MODALITY FUSION

层析成像深度学习图像重建技术

电阻及电阻/超声双模态融合

李峰 ◎ 著

化学工业出版社

·北京·

内容简介

本书围绕层析成像技术展开，重点聚焦于电阻及电阻/超声双模态融合的深度学习图像重建方法。在介绍了层析成像技术的重要意义及电学、多模态层析成像技术现状后，深入剖析了深度学习在图像重建中的应用进展与面临的问题。

书中详细阐述了多种创新图像重建方法，如V-Net与VD-Net图像重建方法，Landweber深度学习图像重建方法，电阻/超声双模态注意力融合图像重建方法等。通过大量仿真与实验测试，对这些方法进行了全面验证与对比分析，为多相介质分布的可视化检测提供了精准有效的技术支持。

本书适合从事层析成像技术研究的科研人员、工程师等学习，也可用作高等院校相关专业的教学用书。

图书在版编目（CIP）数据

层析成像深度学习图像重建技术：电阻及电阻／超声双模态融合／李峰著. -- 北京：化学工业出版社，2025.8. -- ISBN 978-7-122-48078-1

Ⅰ. O441.1-39

中国国家版本馆 CIP 数据核字第 2025T5K298 号

责任编辑：耍利娜
文字编辑：赵子杰　李亚楠
责任校对：李　爽
装帧设计：王晓宇

出版发行：化学工业出版社
　　　　　（北京市东城区青年湖南街13号　邮政编码100011）
印　　装：北京天宇星印刷厂
710mm×1000mm　1/16　印张8¾　字数157千字
2025年8月北京第1版第1次印刷

购书咨询：010-64518888
售后服务：010-64518899
网　　址：http://www.cip.com.cn
凡购买本书，如有缺损质量问题，本社销售中心负责调换。

定　　价：69.00元

在当今科技迅猛发展的时代浪潮中，多相介质分布的精确检测已然成为众多领域实现突破与创新的关键环节。化工产业的核心生产流程、石油运输的关键管道体系以及生物医学的前沿研究范畴，均迫切依赖于对多相介质状态的精准把控。在此背景下，层析成像技术作为一项具有革命性意义的可视化检测手段，肩负着重大使命，为解决多相介质分布检测难题开辟了新的路径。电学层析成像技术凭借其无辐射、响应迅速、结构简便且成本低廉等显著优势，在多相介质检测领域占据重要地位。然而，其传统的图像重建方法却在复杂的非线性问题面前陷入困境。边界测量与介质分布之间的关系错综复杂，传统方法难以精准解析，致使重建图像的质量和精度难以满足实际需求。

深度学习技术的蓬勃兴起，宛如一盏明灯，照亮了层析成像技术发展的前行道路。其独特的多层结构和强大的学习能力，赋予了它从海量数据中自动挖掘、学习和提取特征的卓越本领，使其能够有效应对复杂的非线性建模挑战。在图像重建领域，深度学习展现出巨大的潜力，为突破传统方法的局限性带来了新的希望。

本书紧紧围绕电阻及电阻/超声双模态融合的层析成像深度学习图像重建技术，从基础理论的系统梳理到创新方法的精心构建，从网络架构的细致设计到实验验证的严谨实施，展开了全面而深入的讲解。本书深入剖析了深度学习在图像重建中的应用现状与面临的关键问题，提出了一系列具有创新性和实用性的图像重建方法。这些方法不仅在理论上具有重要意义，更在实际应用中展现出卓越的性能，为多相介质分布的精确检测提供了强有力的技术支撑。

本书旨在为从事相关研究的学者、工程师提供一本具有参考价值的专业图书。无论是在学术研究的深入探索中，还是在工程实践的具体应用里，本书都能为读者提供有益的启发和帮助。期望本书能够推动层析成像技术在多相介质检测领域不断迈向新的高度，助力相关产业实现技术升级与创新发展。同时，也衷心希望能够激发更多研究者的热情与创造力，吸引他们投身于这一充满活力与挑战的研究领域，共同为科技进步贡献力量。

由于作者水平有限，书中不妥之处在所难免，恳请广大读者批评指正。

著者

第1章
绪论　　001

第2章
层析成像基本原理与图像重建方法　　019

第3章
V型网络ERT图像重建方法 045

第1章

绪论

1.1 层析成像技术及其意义

多相介质分布广泛存在于自然界、工业及生物医学领域中，如频繁出现的沙尘暴、石油工业中开采的原油及人体组织病变等。以石油化工过程为例，化工反应器、蒸馏塔及石油输送管道等生产装置中的多相介质的分布、过程状态参数及多相流动中流型转变等状态信息是工业过程的关键变量。对多相介质状态信息的全面、准确检测是设计、控制和优化生产工艺，提高生产效率，保证生产稳定安全，提升产品质量的重要手段[1-3]。

多相介质的分布具有时空随机变化的相界面，现有的检测技术难以在线准确获取多相介质分布及其动态特性，因而对其状态的全面、在线检测是科学研究与相关工业过程中难以解决的问题[4, 5]。

层析成像技术是随着检测技术、计算机技术等不断发展及对精准监测日益增长的需求而迅速发展起来的新一代可视化检测技术。它以多相介质过程为研究对象，采用空间敏感阵列获取被测场域的边界测量信息，运用合适的数学模型和重建技术，从一系列边界测量信息中重建多相介质分布图像[6]。

层析成像技术提出于二十世纪六十年代初，美国科学家 Cormack 在 Randon 变换的基础上发展了投影重建图像理论，为射线投影重建图像提供了解析数学模型；六十年代末，英国 EMI 公司的 Hounsfield 博士成功研制应用于生物组织监测的第一台 X-CT 机；七十年代，美国 Ledley 等研制了整个身体扫描 CT 并投入临床使用，使成像技术真正具有实用意义；八十年代，英国谢尔德大学的 Barber 和 Brown 采用外加电位断层图像法，在实验中重建了胸部的电导率分布图像，成功研制了第一个电学层析成像系统，用于生物阻抗方面的监测研究。此后不久，英国曼彻斯特理工学院 Beck 等人提出"流动成像"的概念，将层析成像技术由医学推广到工业过程检测领域[7]。至此，过程层析成像技术（Process Tomography，PT）的相关研究全面展开。随着传感器技术、集成电路技术以及图像重建方法的发展，PT 日益成熟，并在可视化监测方面体现出了巨大的应用价值，逐渐发展为相对独立的研究方向。

PT 是在被测场域周围安装传感器，采用循环激励、循环测量的工作方式，通过数据采集与处理单元获取多个测量角度下的测量信息，选用合适的图像重建算法获得场域内多相介质的空间分布[8]。按照不同敏感原理，发展出了许多层析成像技术，如射线层析成像技术（Ray Tomography，RT）[9]、核磁共振层析成像技术（Nuclear Magnetic Resonance Imaging，MRI）[10]、光学层析成像技术（Optical

层析成像深度学习图像重建技术：电阻及电阻/超声双模态融合

Tomography，OT）[11]、微波层析成像技术（Microwave Tomography，MT）[12]、超声层析成像技术（Ultrasonic Tomography，UT）[13]、电学层析成像技术（Electrical Tomography，ET）[14]。随着多相介质精准监测需求中多敏感原理层析成像传感器的部署，多模态层析成像技术也逐渐发展起来[15]。

RT和MRI具有检测精度较高的特点，在医学诊断中广泛应用。然而这两项技术由于成本高、有辐射、对被测对象与科研人员的防护性要求很高，在工业中很难大范围地推广与应用。OT是无辐射的成像技术，在生物医学中得到广泛的关注与应用，但其价格昂贵，对光学条件要求很严格，限制了它的使用范围。MT由于具有安全性、成本低廉、结构简单等特点受到关注，但是它的穿透距离短，限制了应用的广泛性。

UT主要是利用超声波在多相介质分布的场域中传播时，在介质的分界面处随机发生反射、折射、衍射、散射等传播规律，通过获取激励探头发射声压与接收探头接收声压的时间差或幅值衰减等信息，重建场域中的介质分布。由于超声层析成像技术具有无辐射、操作简单、使用方便等优点，在医学[16]和工业过程监测[17]中得到重视和应用。但UT在复杂多相介质分布的重建应用中，还未有准确的重建模型，现有的处理方法是基于难以满足现实工况条件的近似、假设等进行建模，很难对被测对象进行准确重建。

ET主要包括电阻层析成像技术（Electrical Resistance Tomography，ERT）、电容层析成像技术（Electrical Capacitance Tomography，ECT）、电磁层析成像技术（Electrical Magnetic Tomography，EMT）等。ET作为无损可视化检测技术，已在生物医学监测与诊断分析[18-20]、工业生产过程[21, 22]和环境监测[23]等诸多领域开展了大量的研究，取得了大量的研究成果，呈现了很好的应用潜力。但在ET图像重建中，现有的数理方法与技术尚不能解决其作为非线性场的准确解析解的求解问题，常用线性近似或强约束等处理方式简化非线性重建模型，使重建图像的质量受到限制。

多模态层析成像技术以信息融合方法为基础，将具有互补性、冗余性及相关性的不同模态信息进行有效利用，促进多模态融合成像，提高多相介质重建图像的空间分辨率、时间分辨率及成像范围等。随着监测需求的提高，多模态层析成像在生物医学[24]和工业过程[25]中获得越来越多的关注。

PT能够实现多相介质分布的可视化检测，进而提取被测场域中多相介质的空间分布、动态特性、界面特性等关键参数。该技术的持续研究与发展，为多相介质分布在线精准动态检测需求提供了强有力的支持。各国陆续开展了对不同敏感原理过程层析成像技术在状态监测、参数检测与估计等方面的应用研究，为解决化工、能源、生物医学、环境及建筑结构损伤监测等领域中多相分布参数在线检测与过程状态在线诊断的问题提供了有效手段。

1.2 电学层析成像技术

1.2.1 电学层析成像技术概述

电学层析成像技术的物理基础是场域中的多相介质具有不同的电学特性（磁导率、介电常数、电导率），多相介质分布在不同的敏感场中对不同的物理场产生调制作用，通过获取安装在阵列传感器外侧的电极对之间的测量信息，选择合适的图像重建算法重构场域中多相介质的空间分布图像。ET 由于具有无辐射、响应快、无扰动、结构简单、价格低廉等优势，逐渐发展为过程可视化监测的重要方法。

ET 图像重建质量和重建速度一直是科研工作者们研究的热点和难点。已有的研究主要包括层析成像系统的优化设计及图像重建方法等两个方面。

ET 系统的优化设计主要是优化检测传感器结构与配置方式和数据采集与处理单元的设计。传感器优化的主要结构参数包括：电极数量、电极形状、电极尺寸（厚度、宽度、高度）、电极分布形式等。通常需要根据不同的被测对象、测试要求以及测试环境，对以上参数进行优化调整，该问题是技术研究的重点内容之一[26]。数据采集与处理单元将传感器获得的模拟信号进行滤波、放大、模数转换，解调出幅值信号传递给计算机用于图像重建。因此，准确、高速、稳定地传输传感器测量信号是非常必要的。数据采集与处理电路优化目的是提高系统的采集速度、采集数据的信噪比及有效性等。随着电子元器件技术的不断突破，数据采集与处理电路在采集数据的稳定性、实时性以及准确性方面都有明显提高[27]。然而，提高采集速度会增加系统在数据传输、存储上的难度；进一步提高采集数据的有效性，也会受到电子技术发展水平的限制。因此，系统的优化设计对图像重建质量的提升具有局限性。此外，系统的图像重建结果还受到图像重建方法的制约，图像重建方法的研究也是 ET 的重要内容，图像重建方法的重建精度、速度、稳定性是算法研究的重要目标，也是科研工作者们研究的热点和难点。因此，在过程层析成像技术的研究中，需要系统的优化设计与图像重建方法协同作用来提高系统重建图像的时空分辨率。

图像重建是研究如何通过一系列边界测量数据重建多相介质分布。ET 所采用的电学敏感场原理上固有的非线性、测试传感器数量限制等，使得图像重建过程存在严重的病态性、不适定性及非线性等问题，现有的物理和数学发展基础，很难从根本上提高解析解求解的准确性，同一分布场的同一组边界测量值在不同近似、约束条件下可能会产生不同的解。图像重建方法的研究目的在于如何得到满足不同监测需求的最优解。

1.2.2　电学层析成像图像重建方法

图像重建方法的研究十分广泛，已有的重建算法主要包括：一步重建方法、迭代重建方法、正则化重建方法、组合重建方法和非线性重建方法等。

（1）一步重建方法

一步重建方法采用基于灵敏度矩阵的一阶线性近似模型解决非线性图像重建问题，重建方法简单，重建速度非常快。

线性反投影方法（Linear Back Projection，LBP）是最早的层析成像一步重建方法[28, 29]，LBP图像重建方法由于算法简单、计算快速而受到广泛的关注。奇异值方法（Singular Value Decomposition，SVD）是对不可逆的灵敏度矩阵进行奇异值分解后求逆来改善原问题病态性的一种一步重建方法[30]。截断奇异值方法（Truncated Singular Value Decomposition，TSVD）是通过截断较小的奇异值提高图像重建算法的稳定性[31]。标准Tikhonov方法将图像重建的反问题转化为一个优化问题进行求解，该方法添加了单位矩阵来改善原问题的病态性，其性能的优劣取决于正则化系数的选择，此问题也是一直在讨论的重点[32]。

常见的线性一步图像重建方法除了LBP、SVD、标准Tikhonov方法，还包括一步Landweber方法[33]、牛顿一步误差重建方法[34]等。一步重建方法重建的结果质量较差，常常用于重建多相介质分布的大体轮廓，对重建图像很难进行定量分析。

（2）迭代重建方法

针对一步重建方法重建质量差的问题，可采用基于优化理论的迭代重建方法进行改善。迭代重建方法是已知初始图像，根据迭代重建模型不断用上一步的重建结果递推下一步重建图像。该方法在优化目标的约束下采用多步重建逐渐改善重建质量，与一步重建方法相比，重建精度有明显的提高，可对重建图像进行定量分析。经过几十年的发展，迭代重建方法广泛应用于多相介质分布的监测过程。

1990年，Pan等采用Landweber迭代重建方法（Landweber Iterative

Reconstruction Method, LIRM）求解 ET 图像重建问题[35]。为了满足日益增加的监测需求，针对 LIRM 方法的收敛性、超参数选择与迭代终止条件等问题进行了大量的研究工作[36]。1970 年，Gordon 和 Bender 针对多次投影后积累的测量误差被放大而降低重建质量的问题，将代数重建算法（Algebraic Reconstruction Technique，ART）应用到图像重建[37]。2000 年，Peng 等采用同步迭代法（Simultaneous Iterative Reconstruction Technique，SIRT）对 ART 算法中噪声进行了平滑处理，获得了质量较高的图像重建结果[38]。2010 年，Chen 等采用收敛较快的共轭梯度（Conjugate Gradient，CG）迭代方法对 ECT 图像重建进行求解，不同梯度算子系数的选择衍生出很多 CG 方法[39]。2018 年，Xiao 等采用牛顿拉弗森（Newton Raphson，NR）方法将重建目标优化函数进行泰勒级数展开后，忽略方程的三次及高次项，同时添加单位阵，有效改善了 ERT 图像重建的病态性[40]。

迭代类图像重建方法也是基于灵敏度矩阵的线性模型，图像重建的精度较高，但其收敛速度慢，往往通过多次迭代才能收敛到迭代终止条件。通过经验或特定方法选择超参数与迭代终止条件的重建方法的应用范围受限。

（3）正则化重建方法

除了迭代重建方法，正则化重建方法也是一类成熟、有效的图像重建方法。其主要思路是将图像重建问题转化为一个最小二乘问题，通过探索一个由先验信息约束的解来近似得出真实解，用于改善图像重建的病态性问题。采用不同的约束条件可构造不同的正则化重建方法，针对不同正则化重建方法的求解与应用开展了大量的研究工作。

2007 年，Blumensath 等针对 L_0 正则化方法重建目标凹函数的求解问题，采用了迭代硬阈值方法逼近目标函数的局部极小值，获取较优重建图像[41]。2012 年，Wang 等人针对 L_2 正则化方法平滑重建图像的急剧变化或中断区域，采用绝对值之和代替 L_2 正则化中的平方和，形成 L_1 正则化[42]。同年，Borsic 等提出一个 L_1 正则化或 L_2 正则化方法用于反问题的原始对偶内点框架[43]。2015 年，Song 等采用空间自适应的总变差正则化方法(Total Variation，TV)识别平滑区域和边缘区域，提高 ERT 重建图像的分辨率[44]。2016 年，Xu 等采用自适应的吉洪诺夫正则化方法 (Tikhonov Regularization，TR) 用于 ERT 图像重建，其研究的核心问题是正则化系数的选取[45]。2020 年，马敏等人针对 L_p 范数计算量较大以及算法受一些特定 p 值限制而影响图像重建分辨率的问题，提出自适应阈值迭代 L_p 范数图像重建方法[46]。

正则化重建方法作为经典的图像重建方法之一，已经广泛应用于多相介质图像重建中。然而由于采用特定的数学方法或经验、人工提取图像先验信息与选择超参数的技术局限，正则化重建方法的普适性较差。

（4）组合重建方法

为了满足不同的应用需求，一些研究工作中根据不同的监测需求，将不同的图像重建方法进行有效组合，提高图像重建方法的适用性。

2007年，Peng等将LBP与TR两种基本重建方法融合在一起用于ECT图像重建[47]。2012年，Liu等将TR方法的重建结果作为Landweber迭代重建方法的初始解，提升了ECT重建图像的空间分辨率[48]。2014年，Huang等使用TR方法的解作为SIRT的初始解，提高了ERT重建图像的精度与速度[49]。2018年，Yan等采用Landweber-Tikhonov交替迭代的方法实现ECT图像重建[50]。2020年，Gomes等将反投影重建方法和极限学习机结合在一起进行图像重建[51]。

经过几十年的发展，很多成熟的图像重建方法逐渐诞生，以上图像重建方法是基于灵敏度矩阵的线性近似模型，而边界测量与介质分布之间一阶近似模型的线性化方法并未从根本上解决图像重建的非线性问题。

（5）非线性重建方法

随着ET图像重建技术的不断突破，不同应用需求日益精细化，相关问题的研究还在不断完善。为了提高图像重建的精度，一些科研工作者也尝试从非线性角度研究重建问题，希望改善图像重建的质量。

2004年，Fang等提出了一种非线性迭代全变差电容层析成像图像重建算法，目的是最小化数据误差和介电常数的变化[52]。2006年，Isaacson等将D-bar方法通过非线性傅里叶变换应用到电阻抗层析成像（Electrical Impedance Tomography，EIT）中[53]。2008年，Li等提出了一种在迭代过程中更新灵敏度矩阵的非线性迭代方法[54]。2020年，Deabes等利用调谐模糊推理系统学习电学层析成像图像重建边界测量与介质分布间的非线性映射关系，并利用粒子群优化技术得到模糊隶属函数的最优参数[55]。

非线性图像重建方法采用特定的假设或约束对图像重建问题进行研究，而特定的假设一般属于理想条件，实际被测对象很难满足，同时采用特定约束的非线性重建模型的适用范围受限。因此，现有的非线性图像重建方法很难推广应用。

综上可知，一步重建、迭代重建、正则化重建和组合重建是基于一阶近似的线性重建模型，非线性重建模型是基于特定假设。不同的处理方式可以解决不同的重建问题，但很难准确表达图像重建的非线性问题。随着研究的不断深入，迫切需要探索一种新的图像重建范式，以期能较准确地表达边界测量与介质分布之间的非线性关系。此外，现有的重建方法中超参数与图像先验信息的提取往往是采用特定经验或在赋范空间对图像像素及其变化进行约束，重建方法的使用范围受限。采用人工选用合适的数学工具，从原始数据中寻找满足目标问题特征的人工特征工程方法，探索更适合的重建图像先验信息，解决图像重建过程中近似及约束等问题非常困难。越来越多的科研工作者希望能探索一种智能提取特征的方法，避免人工特征工程的局限性。

1.3 多模态层析成像技术

1.3.1 多模态层析成像技术概述

电学层析成像技术获取的边界测量信息只与被测场域中介质的电学参数分布相关，可利用的描述多相介质分布的信息单一。随着多相介质分布复杂度的提高，单模态层析成像技术可利用的信息不足以重建高质量的介质分布，可视化监测的应用受到限制。针对此问题，国内外一些科研团队利用不同的层析成像技术，整合多种敏感原理层析成像技术的测量信息，采用多模态信息协同实现复杂多相介质的可视化监测。多模态层析成像技术逐渐成为解决多相介质分布监测的研究重点。随着检测需求的不断提高，如何处理不同敏感原理的边界信息、提取不同模态之间的互补信息以及如何将多模态信息进行协同成像等关键问题，还需要开展深入的研究。

多模态层析成像技术是以获取多个同质或异质层析成像技术的多源信息为基础，构造多模态融合模型，通过各种现代信息融合技术[56, 57]对多模态信息进行处理和整合，得到对被测介质较准确的重建，避免单一测量模态重建的局限性、片面性、不准确性等问题。1999 年，West 等分析了多种模态层析成像技术可能的融合方式、多模态融合中存在的机遇和挑战等问题，开启了多模态层析成像技术的研究[58]。

目前，多模态层析成像技术的研究主要集中在多模态层析成像系统的设计和多模态图像重建方法的研究两个方面。

其中，多模态层析成像系统的设计中，对多模态传感器的优化设计和数据采集与处理单元的设计，多是在单模态传感器优化的基础上，针对不同模态的电极（或探头）如何分布以及电极（或探头）的数量问题进行研究。多模态传感器设计的研究中包括多模态电极不等量、不等间隔分布和多模态电极等量、等间隔均匀分布两种传感器设计方式。多模态系统电极不等量分布的研究中，2001 年，Hoyle 等开发集成了一套由UT、ECT、ERT三种层析成像技术构成的多模态检测系统[59]，2007年Qiu与Hoyle联合开发了由12电极ECT和16电极ERT组成的双模态系统[60]，2005年Steiner等设计了由32探头UT与16电极ECT构成的双模态成像系统[61]。多模态系统电极等量、等间隔分布的研究中，2009年Li等提出复合8电极ECT/ERT双模态系统[62]，2015年Teniou等人设计了由16探头UT和16电极ERT组成的双模态系统[63]，2020年Soleimani等人开发了由32电极EIT阵列和32探头UT传感器阵列组合的EIT/UT双模态系统用于三相介质的检测[64]。多模态层析成像系统中，数据采集与处理单元的设计目标与单模态系统相同，主要是提高系统的采集速度、采集数据的信噪比与有效性等；不同之处在于多模态系统设计时还需考虑不同模态数据采集的同步性、不同模态信号的干扰性等问题。目前常常采用分时同步采集模式保证多模态数据采集的同步性，采用模块式设计方案将不同模态的电路分开设计，避免多模态信号间的干扰。

开发多模态层析成像系统是多模态层析成像技术的核心内容之一，随着多模态系统研究的不断深入，多模态层析成像系统中不同模态的电极或探头数量逐渐增多，系统采集速度逐渐增加，系统信噪比逐渐提高，为多模态层析成像提供了有力的支撑。然而，多模态层析成像图像重建需要多模态系统与多模态图像重建方法协同作用。在多模态成像系统的基础上，如何将来自不同模态的信息进行有效融合是目前多模态图像重建方法中的关键问题。

1.3.2 多模态层析成像图像重建方法

多模态融合的图像重建方法中主要包含以下两种思路：第一种思路是将一种模态的图像重建结果作为另一种模态的先验信息，提高第二种模态的图像重建质量；第二种思路是首先分别实现各个单模态的图像重建，再选用合适的信息融合方法进行双模态融合成像，通过互补与协作提高重建图像的时空分辨率或成像范围。

（1）一种模态作为先验信息的融合重建方法

电学与射线两种模态信息融合成像的研究中，Dyakowski等将伽马射线层析成像技术获得的投影数据作为ECT统计特性的先验信息，用于垂直管道气固两相流成像的研究[65]。Pengpan等利用EIT的重建信息融合到CT代数迭代图像重建算法中，解决了CT时间分辨率较低的问题，提高了肿瘤边界的检测精度[66]。

电学与超声两种模态层析成像图像重建融合方法的研究中，Steiner等将UTT图像重建结果作为ECT的先验信息，采用线性非迭代重建方法和非线性迭代正则化GN两种方法进行融合重建[67]。Xu等利用UT测量信息得到的气泡分布作为ERT

重建的先验信息，实现了双模态敏感场分布空间分辨率的互补[68]。Liang 等将 UT 的位置测量作为先验信息指导 EIT 的自由界面重构，采用约束最小二乘法对不同模态信息进行融合[69]。

不同电学敏感原理的不同模态信息重建融合方法研究中，Zhang 等将 MIT 单模态重建的导电介质信息作为 ECT 图像重建的先验信息，重建油气水三相的空间分布[70]。

超声透射与反射两种模态融合的图像重建方法研究中，顾建飞等开发了 24 通道超声成像系统，实现了透射波与反射波的同步测量，并对双模态融合成像进行了研究，将超声反射重建图像作为透射成像的补充信息，实现了透射和反射的融合成像[71,72]。Tan 等采用投影路径的图像重建方法探究了超声透射与反射双模态成像，为工业过程参数可视化提供解决方案[73]。

一种模态重建结果作为先验信息的融合重建方法主要是将其中一种模态重建结果的全局或局部信息（边界或中心）直接作为第二种模态图像重建模型中的先验信息，或采用一种模态重建结果的全局、局部信息调整第二种模态图像重建模型中的正则化系数。先验信息的构建方式比较局限，使得该融合方法在提高重建图像质量方面受限。

（2）两种模态图像融合的重建方法

在电学与射线两种不同模态层析成像图像重建研究中，Hjertaker 等在 Landweber 算法重建图像的基础上，采用像素到像素的阈值法将 ECT 和 γ 射线两种模态重建的图像进行融合，重建同一截面的油气水三相介质分布[74]。Zhang 等采用像素平均融合、阈值融合以及小波变换融合等不同方法对 ECT 和 CT 的重建结果进行融合成像分析[75]。

电学与超声两种不同模态层析成像图像重建研究中，Pusppanathan 等采用卷积反投影分别将 ECT 和 UT 的测量信息进行图像重建，并提出模糊逻辑像素融合算法对 ECT 和 UT 的重建图像进行融合[76]。

不同电学敏感原理的多模态层析成像图像重建研究中，邓湘等将 ERT 与 ECT 双模态信息融合，用于油气水三相流的研究，扩大了多相介质分布检测范围[77]。Qiu 与 Hoyle 等采用阈值法分别将 ECT 和 ERT 的重建图像进行二值化处理，通过估计油、气、水三相的空间百分比重建三相介质分布图像[60]。Yue 等利用模糊聚类方法确定 ERT 和 ECT 两种模态重建结果的图像像素模糊隶属度，依此计算每个像素的灰度值并进行图像重建[78]。

融合两种模态图像的常见方法主要包括：空间域方法，即逻辑滤波算法（加权、阈值等）；变换域方法，如小波变换处理后再对原始图像进行重构的方法；机器学习的相关融合策略；等。然而，这些融合方法是在已有的两个单模态重建结果基础上进行处理，这样的融合策略可挖掘与利用的互补信息有限，虽然可以提高重建质量，但可改善的能力有限。

（3）多模态融合重建方法的问题

在不同任务的监测需求中，现有的多模态层析成像融合方法促进了不同模态信息的融合，提高了多相介质分布重建的精度，但还存在很多亟待解决的问题，举例如下。

① 多模态层析成像的图像重建过程中，不同模态的特征是采用特定方法进行提取的，其重建图像的精度与范围受限。同时特征提取过程的输出作为特征融合过程的输入，对融合结果的质量起着重要作用，而融合结果不能影响特征提取过程。

② 不同敏感原理的多模态测量信息还未被充分地挖掘与有效利用，严重影响多模态融合图像重建的质量。

③ 设计多模态融合算法时，为了达到较优的融合效果，需要考虑到各个模态传感器的特点，当更换、添加或者减少一种模态传感器时，融合方法可能不适用，多模态的扩展性较差。

总之，对多模态层析成像技术的研究是多相介质精准检测的需要。随着智能成像需求与信息融合技术的发展，探索从非线性角度融合多模态信息、自学习与提取图像特征、特征提取过程与图像融合过程相互影响、不同模态信息可充分挖掘并有效利用及多模态扩展性好的多模态层析成像融合方法，已成为新的研究热点与研究方向。

1.4　层析成像技术中深度学习图像重建方法

1.4.1　深度学习方法及特点

深度学习是源于神经网络的一种机器学习方法，它是一种采用多个隐藏层的深层神经网络学习多层次数据抽象表示的分层计算模型，采用链式求导法则，结合反向传播算法训练网络中的参数，这样可将原始输入信息转换为有效的特征表示，进而实现不同的分类或回归任务[79]。

神经网络的兴起可以追溯到1943年，Mcculloch和Pitts建立了M-P模型，开启了神经网络的研究[80]。1949年，Hebbian提出的Hebbian学习规则将神经元间连接的强弱以权值的方式引入数学模型[81]。1956年，Rosenblatt提出了最简单的人工神经网络感知机模型，其在M-P模型中加入权值，并给出了权值的修改方法[82]。1959年，Hubel和Wiesel发现猫视觉皮层中存在对视觉输入空间的局部区域敏感且结构复杂的"感受野"细胞[83]。1982年，Fukushima根据Hubel和Wiesel的层级模型构造出神经认知机，Hinton采用多个隐藏层的深度结构代替感知器的单层结构组成多层感知器，即最早的深度学习模型[84]。1982年Hopfield提出的Hopfield反馈神经网络和1986年Hinton等提出的后向传播（Backward Propagation，BP）算法，使得神经网络可以解决比较复杂的问题[85]，BP算法的出现将神经网络带入了实用阶段，1989年，LeCun等基于Fukushima的研究工作，采用BP算法将神经网络应用到了手写字体的识别[86]。1999年LeCun等人提出LeNet5模型用于文档识别，LeNet5是卷积神经网络（Convolution Neural Network，CNN）结构的雏形[87]。2006年，Hinton提出深度学习的概念，引发了深度学习的研究热[88]。随着深度学习技术的不断突破、大数据的涌现以及GPU的出现，2012年，Krizhevsky等采用的AlexNet网络在视觉识别挑战比赛中完胜，标志着深度学习的崛起[89]。随着深度学习网络的不断涌现及其不同功能的挖掘，其逐渐被应用到机器视觉[90]、自然语言处理[91]、语音识别[92]等各个领域。

深度学习逐层表达的多隐层、非线性结构特点，使得该方法擅长自挖掘、学习、提取所研究图像或序列的特征。这种从大量原始数据中提取特征的过程称为智能特征工程。用智能特征工程来处理某些算法中超参数与先验信息的选择问题，可以让科研工作者从人工构建特征的过程中解放出来。此外，深度学习是从海量的数据学习过程中提取有效特征，并进行复杂推理，挖掘数据之间的复杂关系，进而对复杂任务进行建模，尤其适合解决数理模型尚不清楚的非线性建模或者很难对数理模型求解精确解析解的非线性问题。

1.4.2 深度学习在图像重建中的研究现状

近年来随着深度学习与计算机技术的突破与发展，国内外科研工作者同时关注到深度学习在多相介质分布可视化监测方面的应用前景，许多科研人员陆续投入深度学习图像重建方法的研究中，并使其逐渐发展为图像重建方法研究中的一个新方向。现有的研究中主要从深度学习图像重建非线性建模及与已有图像重建方法结合两种思路进行研究与讨论。

（1）深度学习图像重建非线性建模

万能逼近理论指出深度学习可以以任意精度来近似任何一个有限维空间到另一个有限维空间之间变换的函数，许多科研工作者也试图用深度学习方法直接学习边界测量与介质分布之间的非线性映射关系。2006年，Marashdeh等提出了一种多层前馈神经网络与Hopfield网络相结合的非线性图像重建方法[93]。2012年之前，计算机能力有限、数据库不完备以及训练方法局限等原因，限制了深度学习图像重建方法的发展。随着GPU和大数据的出现、深度学习技术的不断突破，深度学习图像重建算法出现了新的机遇与发展。

2017年，Zheng等创建了ECT作为检测技术的多相介质分布数据库，用于研究深度学习图像重建方法[94]。2018年，Zheng等设计了一种由编码器网络和解码器网络构成的自编码神经网络来解决ECT图像重建问题[95, 96]。2020年，Zheng等采用深度神经补偿网络映射电容差值与介电常数分布差值之间的非线性关系，对LBP算法的成像结果进行补偿来提高成像质量[97]。

此外，国内其他单位的研究人员也相继开展了层析成像图像重建深度学习方法的研究。2019年，Tan等采用较少层的卷积神经网络学习边界测量电压与场域中介质分布之间的非线性关系[98]。同年，Li等采用堆栈式自编码和逻辑回归网络实现了边界测量电压与介电常数分布之间的非线性映射[99]，Huang等用全连接神经网络的非线性学习能力求解EIT反问题[100]。2020年，Zhu等针对多相介质分布中介电常数的重建，提出由前向问题网络、反问题网络和介电常数预测网络组成的图像重建网络[101]，Chen等采用条件生成对抗网络来适应ERT图像重建[102]。

同一时期，国外的科研工作者也开展了层析成像图像重建深度学习方法的研究。2019年，Chen等采用模块化网络将图像重建委托给多个子网络，每个子网络只恢复成像域局部的图像细节[103]。2019年，Cheng等针对前列腺癌的诊断问题，联合研究由全连接层、编码器和解码器组成的图像重建网络实现超声声速成像[104]。同年，Seo等针对肺部图像的重建问题，采用变分自编码网络学习了一个16维的肺部图像先验信息，然后学习了EIT测量数据与此16维特征信息间的可靠联系[105]。

用深度学习网络直接学习边界测量与介质分布之间的非线性模型，可以较准确地重建多相介质分布。但何种网络更适合学习图像重建中边界测量与介质分布之间的非线性映射关系，需要进一步研究与讨论。

（2）深度学习与现有图像重建方法的结合

由于深度学习是一种迭代的机器学习方法，利用其自挖掘与提取特征的特点，可与现有的迭代图像重建方法相结合，替代已有图像重建方法中某些参数或过程。

2018年，Lei等采用深度极限学习机提取的先验模型和成像目标的专家域知识，同时将分裂Bregman算法和快速迭代收缩阈值技术结合，构造了一个新的损失函数来封装图像重建数学模型[106]。2019年，Zheng等采用深度自编码网络中的编码网络和解码网络分别替代Landweber迭代方法中灵敏度矩阵和灵敏度矩阵的转置，提高图像重建质量[107]。2019年，Ren等为了获得高分辨率和模型误差稳健的肺部EIT重建图像，提出了一种两阶段深度学习方法，预重构模块学习正则化先验信息并提供目标的粗略重建，结合观测域的形状先验信息，利用CNN网络消除预重构的结果的模型误差[108]。

采用深度学习的参数或过程代替现有迭代成像方法中某些参数或过程的重建思路，将图像重建中的人工特征工程转变为智能特征工程。与已有的图像重建方法相比，深度学习的图像重建方法具有以下优点。

① 深度学习具有强大的非线性处理能力，善于处理数理模型不清楚或现有的技术手段很难求解精确解析解的非线性图像重建问题。

② 深度学习图像重建方法能够根据图像重建目标自挖掘、学习、提取特征，有效避免了已有图像重建方法中采用特定数学方法的局限性。

③ 深度学习特征提取过程提取的特征是图像重建过程的输入，同时图像重建过程中的信息通过梯度的反向传播反馈到特征提取过程，特征提取过程与图像重建过程构成相互促进的统一体。

1.4.3 深度学习图像重建面临的问题

利用深度学习方法非线性建模与特征学习的特点，可解决图像重建中边界测量与介质分布之间的非线性关系及现有图像重建方法中某些参数选择等问题。然而，图像重建深度学习方法的研究还处于初期，还有许多需要解决的问题，主要包括以下几个方面。

① 深度学习图像重建方法研究中数据库的不完备性问题。层析成像图像重建深度学习方法研究中，由于多相介质分布的随机性、复杂性、动态时变性，很难建立完备的数据库，现有的数据库中多相介质分布简单，只能满足对图像重建深度学习方法的初期探索。

② 深度学习图像重建方法的泛化性问题。在不完备数据库中学习的图像重建方法对于同分布的重建图像精度较高，但对于不同于数据库中介质分布的样本，模型的泛化能力较差。随着深度学习技术的不断突破，新的图像重建网络不断涌现，在不完备的数据库中期望能全面描述指定数据集中重建图像的统计特征，并以此来

提高数据驱动图像重建方法的泛化能力仍然是一项具有挑战性的任务。

③ 适合图像重建的数据驱动网络的设计问题。深度学习网络拓扑结构的设计、超参数的配置、训练方式，以及如何更好地适应图像重建中边界测量与介质分布之间的非线性映射关系及对应的解释性等问题是深度学习图像重建方法面临的重要挑战与亟待突破的难题。

④ 深度学习与已有图像重建方法合理结合的问题。数据驱动的深度学习图像重建方法利用深层网络直接学习边界测量值与介质分布之间的复杂映射关系，忽略了层析成像图像重建的物理机制，其重建质量严重依赖不完备的数据库。将深度学习与现有图像重建方法结合，构成模型驱动图像重建方法，一方面可解决已有图像重建方法的超参数与先验信息选择问题，另一方面缓解了重建网络对不完备数据库的依赖性以提高图像重建质量。如何合理地将深度学习与已有重建方法结合需要进一步的研究与讨论。

⑤ 深度学习图像重建方法中模态信息的单一性问题。对于复杂分布重建的研究中，单模态层析成像深度学习图像重建方法可利用的有效信息不足，图像重建质量和应用范围受限。随着多相介质检测的精准需求、多传感器的广泛部署，产生了具有多样性、复杂性的多模态数据库。多模态深度学习图像重建方法利用多模态数据库中不同模态的信息、灵活的融合策略、智能的特征提取过程、合适的融合方法，可以充分挖掘、有效利用不同模态的特征信息，提高重建精度，同时也为多模态扩展性提供了更多的可能。因此，多模态融合的深度学习图像重建方法是实现多相介质分布可视化监测的有效方法之一，探索多模态深度学习图像重建方法是未来的发展方向。

1.5 本书主要思路及内容

1.5.1 主要思路

针对工业水平气水两相流层析成像图像重建中边界测量信息与介质分布之间不同变量的非线性映射关系、迭代图像重建方法中超参数与图像先验信息的选择、双模态融合成像中有效挖掘与利用双模态测量信息等方面的问题，通过创建包含离散气泡分布和分层分布的仿真数据库，利用深度学习方法的非线性学习、特征提取及不同模态间信息的有效使用等特点，从数据驱动非线性建模和模型驱动特征学习的角度，展开电学及双模态图像重建方法的研究，提升层析成像技术重建图像的精度和抗噪性，本书的主要思路如图1-1所示。

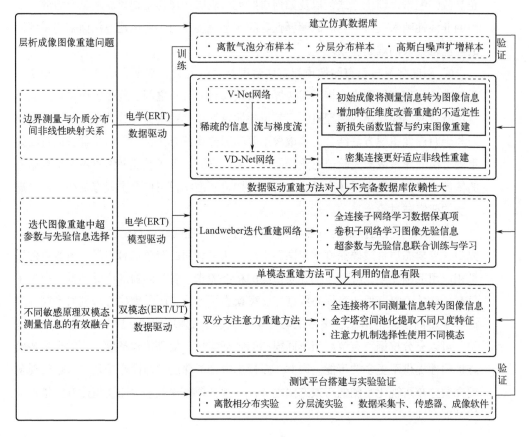

图1-1 本书主要思路

采用深度学习方法，从数据驱动非线性建模角度出发，在解决电学层析成像图像重建中边界测量与介质分布之间不同变量的非线性映射关系方面，具体采用ERT技术获取被测场边界数据，提出V-Net图像重建方法，建立由初始成像、特征提取与图像重建3部分组成的网络结构。其中，在初始成像过程中，采用5层全连接神经网络结构，将测量信息转换为图像空间的像素信息，实现初始成像；在特征提取过程中，提取图像重建所需特征的同时，通过增加特征图维度，改善图像重建的不适定性；并利用V-Net网络训练中新的损失函数，监督与约束图像重建网络的学习过程。针对图像重建精度、抗噪性及空间分辨率的提升需求，建立密集连接的VD-Net图像重建网络结构，解决V-Net网络中稀疏的信息流与梯度流问题，更好地适应边界测量与介质分布之间的非线性关系。

层析成像深度学习图像重建技术：电阻及电阻/超声双模态融合

在从模型驱动的特征学习角度出发，采用深度学习方法解决层析成像迭代重建方法中超参数与先验信息的选择方面，以Landweber迭代重建方法为基础，建立由全连接子网络、卷积子网络、前一层迭代重建结果3部分构成的Landweber迭代重建网络。利用全连接子网络学习数据保真项，卷积子网络学习图像的先验信息。该网络一方面实现了超参数与图像先验信息的联合训练与学习，另一方面缓解了数据驱动重建网络对不完备数据库的依赖性。

ERT单模态图像重建中测量信息的单一性限制了图像重建的精度，研究中开展了双模态融合层析成像图像重建方法的研究。为了解决两种不同敏感原理的双模态测量信息有效融合的问题，采用ERT与UT两种模态的测量信息，从数据驱动双模态融合建模的角度，建立双分支注意力图像重建网络。采用2个全连接模块将2个不同维度的测量信息转化为相同维度图像空间的像素信息，解决双模态融合成像中不同模态信息的异质性问题；特征提取过程采用空间金字塔池化模块提取多尺度特征信息，为图像重建提供更多有效的特征；通过构建双线性缩放点积注意力模块，计算两个模态特征间的相关性，实现电学与超声不同模态局部特征信息对重建目标重要性的判断，并依此对不同模态的局部信息赋予不同的注意力权重，有效融合不同模态的特征信息，从而促进双模态信息的协同成像，提高图像重建精度与抗噪性。

1.5.2 主要内容

本书共包括6章，各章主要内容如下。

第1章：绪论。在介绍层析成像技术的研究背景以及研究意义，总结了电学层析成像技术以及多模态层析成像技术的研究现状，分析深度学习图像重建方法的研究进展的基础上，明确本书的研究问题、研究目标，提出了深度学习图像重建方法的研究思路及主要研究内容。

第2章：层析成像基本原理与图像重建方法。通过介绍ERT层析成像数学模型、正问题、反问题及常用图像重建方法，阐述深度学习应用于反问题的解释性、深度学习单模态图像重建的可行性，在深度学习图像重建研究思路的基础上，分析常用多模态融合策略与方法，总结层析成像图像重建中图像误差和相关系数两个定量评价指标。并采用MATLAB与COMSOL联合仿真建立数据库，用于深度学习图像重建方法的训练与测试。

第3章：V型网络ERT图像重建方法。针对ERT图像重建边界测量与介质分布之间的非线性映射关系，提出由初始成像、特征提取、图像重建构成的数据驱动的

V-Net图像重建方法。仿真与实验结果表明V-Net图像重建方法用于图像重建具有可行性。在分析影响V-Net图像重建性能的关键因素是稀疏的信息流与梯度流的基础上，提出一种增加4个密集模块的VD-Net网络。离散介质分布的仿真与实验结果证明了该方法能更好地适应图像重建的非线性，水平气水分层分布的动态实验结果证明了该方法的实用性。

第4章：Landweber深度学习图像重建方法。针对Landweber迭代重建方法中超参数与图像先验信息的选择问题，提出模型驱动方法的Landweber迭代重建网络，实现所有参数联合学习与训练。离散介质分布的仿真测试与实验结果表明，融合后的重建网络对有噪声且较复杂的多相分布重建具有明显的优势。水平气水分层分布的动态重建实验结果证明了该方法的实用性。

第5章：电阻/超声双模态注意力融合图像重建。为解决ERT和UT不同敏感原理测量信息难以有效融合的问题，采用卷积神经网络、空间金字塔池化模块、注意力机制构建了双分支注意力图像重建网络，根据两个模态不同局部特征信息对重建目标的重要性与相关性，赋予不同模态特征不同的注意力权重而有效地利用了不同模态特征信息。仿真与实验结果表明，该方法与单模态图像重建方法、双分支拼接融合方法相比，重建精度与抗噪性均有较大的提高。

第6章：总结与展望。总结了本书的主要内容与研究成果，同时对研究中存在的问题进行讨论并对未来的发展进行了展望。

第2章

层析成像基本原理与
图像重建方法

本章在介绍层析成像基本原理及图像重建主要方法，并阐明深度学习方法应用于反问题的解释性基础上，对深度学习方法在单模态成像、多模态融合成像的研究思路、融合策略以及融合方法进行总结分析，对研究中所使用的重建图像质量定量评价指标及用于深度学习图像重建的数据库创建进行说明。

2.1 电阻层析成像数学模型及研究问题

2.1.1 电阻层析成像数学模型

电学层析成像技术中的电阻层析成像技术由于无辐射、无扰动、快速响应、价格低廉等优点，被广泛应用于多相介质分布的可视化检测中。因此，电学层析成像图像重建的研究中以ERT技术为例展开。ERT系统主要由传感器阵列、数据采集与处理单元、图像重建与显示单元3个部分构成。

传感器阵列是安装在被测对象边界的一系列电极，考虑到图像重建的病态性与成像的时效性，常用的主要为16电极圆形阵列。在数据采集与处理单元中，来自传感器阵列的信号经滤波、放大后转换为数字信号，解调出边界电压幅值信息。通过图像重建算法，从边界测量电压中重构并显示场域内的介质分布。

ERT系统工作时采用循环激励、循环测量的方式获取被测物场的边界信息，常见的四端口电极激励与采集策略包括相对模式、交叉模式、相邻模式和自适应模式，其中应用最广泛的是由Brown和Seagar提出的相邻模式[109]，如图2-1所示。

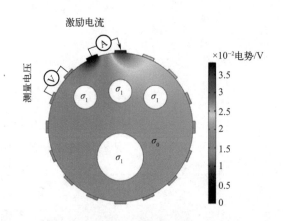

图2-1 相邻模式激励的ERT传感器阵列

层析成像深度学习图像重建技术：电阻及电阻／超声双模态融合

图2-1中，当电流或电压激励注入ERT传感器阵列中的一对相邻电极时，其他相邻电极对则成为测量电极，同时测量这些电极对间的电压或电流，直到所有电极对依次作为激励循环一周，获得表征一个被测截面介质分布的所有边界测量信息。16电极ERT系统中所有相邻电极对依次激励一次，可获取208个边界测量电压值。

ERT技术敏感场满足Maxwell方程[110]

$$\begin{cases} \nabla \cdot \boldsymbol{D} = \rho \\ \nabla \times \boldsymbol{E} = -\dfrac{\partial \boldsymbol{B}}{\partial t} \\ \nabla \times \boldsymbol{H} = \boldsymbol{J} + \dfrac{\partial \boldsymbol{D}}{\partial t} \\ \nabla \cdot \boldsymbol{B} = 0 \end{cases} \tag{2-1}$$

式中

$$\begin{cases} \boldsymbol{D} = \varepsilon \boldsymbol{E} \\ \boldsymbol{B} = \mu \boldsymbol{H} \\ \boldsymbol{J} = \sigma \boldsymbol{E} \end{cases} \tag{2-2}$$

式中，$\boldsymbol{D}$ 为电位移；ρ 为电荷密度；$\boldsymbol{E}$ 为电场强度；$\boldsymbol{B}$ 为电磁感应强度；$\boldsymbol{H}$ 为磁场强度；$\boldsymbol{J}$ 为电流密度；ε 为介电常数；μ 为磁导率；σ 为电导率。

假设ERT敏感场是似稳场，因此，Maxwell方程中的 $\partial \boldsymbol{B}/\partial t$ 可以忽略。ERT为恒定的电流场模型，根据Maxwell方程和似稳场假设，则有

$$\nabla \cdot \left(\sigma \boldsymbol{E} \right) = 0 \tag{2-3}$$

另有

$$\boldsymbol{E} = -\nabla \varphi \tag{2-4}$$

式中，φ 为场域中的电势分布，φ 满足

$$\nabla \cdot \left(\sigma \nabla \varphi \right) = 0 \tag{2-5}$$

假设场域中的介质具有均匀、线性、各向同性的特性，即 σ 为常数，式（2-5）可简化为

$$\nabla^2 \varphi = 0 \tag{2-6}$$

根据诺伊曼（Neumann）边界条件，给定边界上电位的法向导数值为

$$\sigma \nabla \varphi \cdot \upsilon \big|_s = \sigma \dfrac{\partial \varphi}{\partial \upsilon} \bigg|_s = J \tag{2-7}$$

式中，s为场域的边界；v为边界上的外法线方向向量。

电极的电流密度在电极表面的面积分等于流入场域中的总电流，那么，当电流流入与流出电极时，则有

$$\begin{cases} \int_{e^+} \sigma \dfrac{\partial \varphi}{\partial v} \mathrm{d}s = +I \\ \int_{e^-} \sigma \dfrac{\partial \varphi}{\partial v} \mathrm{d}s = -I \end{cases} \qquad (2\text{-}8)$$

式中，e为电极的表面。

假设测量电极满足全电极模型[111]，即考虑电极与介质界面的接触阻抗，电极上的电流密度的积分等于流过电极的总电流，则ERT数学模型为[112]

$$\begin{cases} \nabla(\sigma \nabla \varphi) = 0 \\ \int_{e_r} \sigma \dfrac{\partial \varphi}{\partial v} \mathrm{d}s = I_r \\ \sigma \dfrac{\partial \varphi}{\partial v} = 0 \\ \varphi + z_r \sigma \dfrac{\partial \varphi}{\partial v} = U_r \end{cases} \qquad (2\text{-}9)$$

式中，e_r为第r个电极所覆盖的边界；z_r为第r个电极的接触阻抗；U_r与I_r分别为第r个电极上的电压和电流。

2.1.2 电阻层析成像研究问题

电阻层析成像技术主要包括正问题和反问题两方面的内容。其中，正问题是根据场域内介质分布求解边界电压的过程；反问题即ERT图像重建问题，其目的是通过测量的边界电压，求解场域内的电导率分布σ。

ERT正问题求解方法主要包括解析法和数值法。解析法是针对二维几何形状规则的均匀场且介质分布均匀的情况，经过复杂的推导过程建立数学模型，最终获得敏感场内电势分布的解析表达式。而ERT系统的敏感场实际为三维分布的非均匀场，具有显著的非线性特征，很难准确求解，因此解析法很难普遍推广与应用。数值法求解ERT正问题是科学研究与实际应用中普遍采用的方法。根据计算方法的不同，ERT正问题数值法主要分为有限差分方法、边界元法、无网格法以及有限元法[113]。

有限差分方法求解正问题的过程中，在场域中选取有限个点，利用有限差分方

程近似代替偏微分方程，得到场函数在各个离散点的值。边界元方法将定义在边界上的边界积分方程作为控制方程，通过在边界上进行单元剖分、插值离散化，从而得到微分方程的近似解，适合边界重建过程中正问题的求解。采用移动最小二乘法拟合函数的无网格方法摆脱了单元的限制，提高了插值的连续性，适合处理复杂边界条件，但极大地增加了计算量，计算负担限制了它的使用范围。

有限元法是求解偏微分方程的重要数值方法，也是求解 ERT 正问题最常用的方法。具体求解过程如下：基于变分原理将 ERT 敏感场数学模型等价为变分问题，将待求解区域离散化为互不重叠的有限数目单元（通常采用三角形剖分单元，同时假设每个单元内的电导率为常数），每个单元内选取插值点，采用插值函数计算各个单元方程，结合加权余量法将单元方程集成为场域方程，令集成的场域方程对每个单元节点电位的一阶偏导等于 0 即可获得 ERT 正问题的有限元方程组，最后求解线性代数方程组即可获得被测场域内单元节点电位值。

边界测量信息由敏感场内介质分布唯一确定，其表达式如下：

$$y = Y(x) \tag{2-10}$$

其中，Y 为从场域中介质分布求解边界测量的非线性映射；y 为边界测量信息；x 为被测场域内介质像素分布。

对式（2-10）进行局部线性化，离散化后得到层析成像正问题的线性模型为

$$\Delta y = A \Delta x \tag{2-11}$$

其中，Δy 为有介质分布的边界测量信息与无介质分布的边界测量信息之差；Δx 为有介质分布的像素向量与无介质分布的像素向量之差；A 为灵敏度矩阵。

为了直观、简单地表达式（2-11），其可以简写为

$$y = Ax \tag{2-12}$$

其中，为了表述简洁，y 为 Δy 的简写，简称为边界信息；x 为 Δx 的简写，简称为场域中与描述介质分布相关的像素向量。

2.2 电阻层析成像图像重建常用方法

层析成像图像重建的核心是如何根据边界测量信息重建敏感场中多相介质的分布。然而，图像重建中边界测量信息与介质分布之间是非线性关系，很难通过边界

测量信息对其解析模型进行精确求解介质分布。边界测量信息的数量远小于介质分布的像素数量，导致图像重建的解不唯一，需要通过广义逆求解，所以图像重建属于不适定性问题。此外，图像重建极易受噪声与误差信号的影响，具有病态性，即场域中介质分布的微小变化可能导致测量信息的较大变化。因此，电学层析成像图像重建具有严重的病态性、非线性与不适定性[114]。探索具有高时空分辨率的图像重建方法是一个具有挑战性的研究热点问题，也是科研工作者长期以来努力的方向。

已知边界测量信息，根据层析成像正问题线性模型，可得场域内介质分布的线性重建模型为

$$x = A^{-1}y \tag{2-13}$$

其中，A^{-1} 是灵敏度矩阵 A 的逆。

近年来，在层析成像图像重建方法的研究中，针对图像重建质量、时间分辨率及空间分辨率等提升的需求，依照式（2-13）线性近似的处理方式，发展了基于灵敏度矩阵的一步线性、迭代类、正则化类等多种图像重建算法。常用的图像重建方法如下。

（1）LBP图像重建方法

LBP图像重建方法由于计算简单、重建速度快而广泛应用于多相介质分布重建结果的在线定性分析或其他图像重建方法的初始解，成为应用最广泛的图像重建方法之一。在实际应用中进行图像重建时，式（2-13）中的 A^{-1} 通常是不存在的，LBP方法采用 A^{T} 来替代 A^{-1} 进行重建图像求解，其数学模型为[29]

$$x = A^{\mathrm{T}}y \tag{2-14}$$

其中，A^{T} 是 A 的转置矩阵。

（2）Landweber迭代图像重建方法

Landweber迭代图像重建方法作为经典的迭代重建方法之一，是最速梯度下降法的一个变体，通过多步迭代求解多相介质分布。相较于LBP方法，Landweber迭代重建方法在重建质量方面有明显的提升。Landweber迭代方法求解介质分布的基本思路是将层析成像图像重建问题转化为目标函数极值的优化问题，其目标函数为

$$
\begin{aligned}
O(x) &= \frac{1}{2}\|Ax - y\| \\
&= \frac{1}{2}(Ax - y)^{\mathrm{T}}(Ax - y) \\
&= \frac{1}{2}\left(x^{\mathrm{T}}A^{\mathrm{T}}Ax - x^{\mathrm{T}}A^{\mathrm{T}}y - y^{\mathrm{T}}Ax + y^{\mathrm{T}}y\right)
\end{aligned}
\tag{2-15}
$$

层析成像深度学习图像重建技术：电阻及电阻/超声双模态融合

其中，x^T是x的转置；y^T是y的转置；$O(x)$是目标优化函数。

目标函数$O(x)$的梯度可表示为

$$\nabla O(x) = A^T A x - A^T y = A^T (Ax - y) \tag{2-16}$$

已知初始介质分布，选择目标函数$O(x)$下降最快的方向作为下一步迭代的新方向，该方向与当前$O(x)$的梯度方向相反，Landweber迭代图像重建方法为[33]

$$x^i = x^{i-1} - \beta \nabla O(x) = x^{i-1} - \beta A^T (Ax^{i-1} - y) \tag{2-17}$$

其中，x^i是第i步的迭代结果；x^{i-1}是第$i-1$步的迭代结果；β为松弛因子。

Landweber迭代图像重建方法中迭代步数i、松弛因子β是需要确定的关键参数。如果预先已知ERT的部分先验信息，满足设定的约束条件，可求出较优的迭代步数i；通常也可根据经验选取固定值迭代步数i，一般需要几百步来获得较好的重建结果。松弛因子β的取值也非常重要，决定了迭代步长，直接影响重建图像的质量。松弛因子β的选取主要有两种方法：一种简单的方式是通过收敛约束条件，直接选取$\beta = 2/\kappa_{\max}$，其中$\kappa_{\max}$为$A^T A$的最大特征值；另一种方法是依据边界测量数据误差与图像误差一样小原则的最优值选取方式。实际问题中使用Landweber迭代重建方法时，通过经验或约束条件独立选取的迭代步数i和松弛因子β，仅仅满足特定的应用需求，这种参数选择方法限制了Landweber迭代图像重建方法的成像精度与应用范围。

（3）正则化方法

层析成像图像重建具有严重的病态性，导致重建图像的空间分辨率较低。通过一些附加约束添加图像先验信息的正则化方法是缓解图像重建病态问题的有效方法之一，广泛应用于多相介质分布图像重建的研究中[115]。正则化方法的本质是在最小二乘目标函数中添加正则化项，对重建图像的解空间进行特定的约束，求解图像重建问题的稳定近似解。正则化类图像重建方法的目标约束函数为

$$O(x) = \frac{1}{2}\|Ax - y\| + \lambda R(x) \tag{2-18}$$

其中，$R(x)$为正则化项；λ是正则化系数，控制数据保真项和正则化项在目标约束函数中的比例。

正则化类图像重建方法中，根据正则化项约束条件不同，将常见的正则化方法分为两类：其中一类方法是在赋范空间直接对重建图像施加约束的正则化方法，如对重建像素向量x施加0范数、1范数、2范数、p范数，分别称为L_0正则化、L_1

正则化、L_2正则化、L_p正则化[116]；另一类正则化方法是根据不同的应用需求在赋范空间对重建像素向量x进行变换后再施加范数约束，如总变差正则化方法TV和Tikhonov正则化方法TR。

第一类正则化方法中L_0正则化、L_1正则化、L_2正则化、L_p正则化项的数学表达式为

$$R(x) = \begin{cases} \|x\|_0 \\ \|x\|_1 \\ \|x\|_2 \\ \|x\|_p \end{cases} \tag{2-19}$$

其中，L_0正则化为向量x中非零元素的个数。

在数学上L_0范数形式难以表达，相应的求解也比较困难，因此很少采用该方法进行稀疏化约束。L_1正则化使得目标函数不再全局可微，适合恢复离散信号，对于图像突变的边缘重建效果有明显的优势。L_2正则化具有全局可微性，适合处理连续区域的重建。而L_p正则化在求解过程中增加了正则化指数p值的选择，需要寻找合适的方法求解p的最优值。

第二类正则化方法中的TV方法是一种解决图像重建病态性的经典方法，在图像重建过程中具有良好的保边性，即对非连续分布区域的重建分辨率较高。TV正则化方法的目标函数[44]为

$$O(x) = \frac{1}{2}\|Ax - y\| + \lambda \int_{\Omega} |\nabla x| d\Omega \tag{2-20}$$

其中，λ是正则化系数；Ω为被测场域所在区域。

TR正则化方法也是解决图像重建病态性的常用方法之一，广泛应用于层析成像图像重建中。该方法的解的稳定性比较强，适合连续区域的重建应用。TR正则化方法的目标函数为[45]

$$O(x) = \frac{1}{2}\|Ax - y\| + \lambda \|P(x - x_0)\|_2 \tag{2-21}$$

其中，P是某种形式的微分算子；x_0是初始估计值。

若P为单位矩阵，x_0为零向量，即为标准Tikhonov正则化方法，其解可表示为

$$x = (A^{\mathrm{T}}A + \lambda I)^{-1} A^{\mathrm{T}} y \tag{2-22}$$

其中，I为单位矩阵。

在实际应用中，也常常将多种正则化方法结合起来使用，通过多种约束，提高重建图像的质量。比如Tikhonov方法和TV方法结合的混合正则化算法通过自适应调整权重系数满足不同应用需求，提高重建精度。

2.3 深度学习图像重建方法

2.3.1 深度学习应用于反问题的解释性

分层表达的深度学习由于擅长提取所研究图像或序列特征，并可对复杂任务中不同空间变量之间的复杂关系进行非线性建模，因此可用来解决很难对非线性数理模型求解精确解析解的反问题。

深度学习是一种多层表示的、在实践中发展起来的机器学习方法。深度学习的研究促进了反问题的发展，同时给反问题带来了新的机遇。许多科研工作者已经将深度学习方法应用于反问题研究中，如图像去噪[117]、超分辨率图像重建[118]、医学图像重建[119]等。深度学习应用于反问题的解释性的相关工作还没有取得突破性进展。2020年，Bengio等指出除非能了解深度学习中因果关系的更多信息，否则无法实现深度学习的全部潜力[120]，因此，深度学习解释性方面还需要被进一步挖掘与探索。现有的文献中主要从深度学习的底层运算和万能逼近理论两个方面进行解释。

深度学习理论中，无论是全连接神经网络还是CNN网络，内积都是其基本的构成单元，因此，内积是深度学习的理论基础。内积本质是两组数据的和积，是一种线性运算。内积也存在于其他算法中，如矩阵运算、自相关、互相关、投影、反向传播等都是通过内积来实现的。激活函数具有强大的非线性处理能力，神经网络的非线性是通过激活函数体现的。以卷积神经网络为例，卷积层代数运算如图2-2所示，由线性的卷积运算和非线性的激活函数构成。卷积神经网络学习过程是一个由线性运算和非线性运算组合在一起的迭代过程。这也是解决非线性反问题的一种普遍方式。从代数运算角度分析，深度学习与经典迭代算法高度一致，因此，深度学习是解决反问题的一种有效方法[121]。

万能逼近理论中强调，一个前馈神经网络如果具有线性输出层和至少一层有"挤压"性质激活函数的隐藏层，只要给予足够数量的隐藏单元，它可以任意精度近似任何一个有限维空间到另一有限维空间的连续函数[122, 123]。Barron于1993年尝

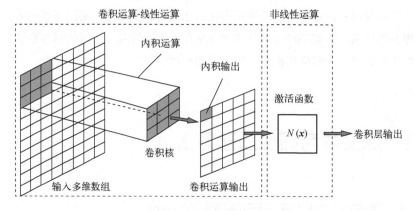

图2-2　卷积层代数运算

试了使用单层神经网络近似一些函数，其中某些函数的近似需要用到指数数量的隐藏单元[124]。同一时期，其他科研工作者也做了一些相关研究，验证了不同激活函数隐藏层的逼近能力[125, 126]。综合分析可知，浅层神经网络即具有隐藏层的全连接神经网络可以逼近任意连续函数，但是网络中指数级数量的神经元与参数很难在理论与实际应用中实现，同时可能无法正确地学习，也可能模型的泛化能力有限。而深度学习的出现，恰好解决了这一问题。2014年，Montúfar等指出一些用深度整流网络表示的函数可能需要浅层网络指数级数量的隐藏单元才能表示[127]。反问题是从一个有限维空间到另一个有限维空间的非线性映射，万能逼近理论相关研究表明，深度学习为反问题的研究提供了一个有效的非线性学习机。因此，从万能逼近理论非线性学习的角度分析，深度学习是解决反问题的有效方法。

2.3.2　深度学习单模态图像重建的应用

随着深度学习技术的不断突破以及精准监测的迫切需求，大家一直在思考如何挖掘深度学习的更多潜能，解决多相介质分布图像重建非线性问题，以及探索将深度学习有效应用于图像重建问题的切入点或思路。此外，已经有文献证明了深度学习应用于层析成像图像重建的可行性[98]。电学层析成像深度学习图像重建方法的研究中，从以下两个角度解决图像重建中的不同问题。

（1）边界测量信息与介质分布变量间的非线性建模

图像重建是研究如何从边界测量信息重建多相介质分布，此过程是一个非线性问题。已有的图像重建方法中都是基于线性近似的线性重建模型或基于特定假设的非线性重建模型，很难反映图像重建问题的非线性本质。

层析成像深度学习图像重建技术：电阻及电阻／超声双模态融合

深度学习中，深层次分层表达的网络拓扑结构具有强大的非线性学习能力，适合解决数理模型不清楚或很难准确求解数理模型的复杂非线性问题。深度学习非线性建模能力为学习多相介质图像重建中边界测量与介质分布之间的非线性映射关系提供了技术支撑。

式（2-10）描述的是一个非线性的ERT正问题模型，采用数据驱动深度学习，由边界测量信息重建介质分布的非线性图像重建模型可表示为

$$x = Y^{-1}(y) \tag{2-23}$$

式中，Y^{-1} 为采用深度学习网络学习的边界测量与介质分布之间的非线性映射关系，如图2-3所示。

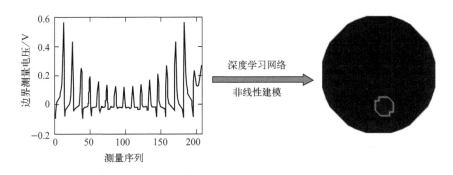

图2-3 深度学习非线性图像重建

已有一些研究采用全连接网络、卷积神经网络、自编码网络等深度学习方法直接学习边界测量与介质分布之间的非线性关系 Y^{-1}，表明了深度学习是重建多相介质分布的有效方法之一。这些研究由于数据库的不完备性、网络训练方式的局限或网络自身结构的限制问题，网络模型重建能力有限。尽管这几年深度学习领域不断有新的网络、新的训练技巧涌现出来，但在深度学习解释性没有重大突破之前，如何设计合理的图像重建网络结构及更好地适应边界测量与介质分布之间的非线性关系仍然是个难题。

（2）深度学习与现有图像重建方法的结合

现有的图像重建模型中往往包含一些超参数或图像先验信息，如迭代类图像重建方法与正则化类图像重建方法。而超参数与先验信息是影响图像重建质量的重要因素，因此，超参数与先验信息的选择一直是研究的热点问题。以Landweber迭代重建方法为例，松弛因子往往是通过经验选择的一个常数或通过特定约束条件进行求解得出。正则化类方法中先验信息常常是通过采用赋范空间不同形式的范数对重

建问题的解空间进行约束，不同形式的约束有各自的优缺点，如Tikhonov正则化方法的解比较稳定，但重建图像的边界太光滑；TV正则化具有良好的保边性，但不擅长重建连续区域。还有许多数学技巧可以用于提取先验信息，但人工特征工程提取一个更合适的先验信息的过程是漫长的，同时在实际应用中其重建精度或应用范围受限。

深度学习通过网络层的堆叠、卷积核的权重共享、监督学习目标任务等特点，能够从大数据中自挖掘、学习、提取特征，有效避免了已有图像重建方法中人工特征工程的局限性。深度学习与大多数图像重建方法一样，通过优化目标函数进行求解，其次，深度学习底层运算是线性与非线性交替组合的迭代方法，与迭代图像重建方法的运算结构是一致的，这两个特点使深度学习与迭代图像重建方法的融合成为可能，如图2-4所示。通过迭代图像重建方法和深度学习的融合，用深度学习的相关参数与过程学习已有成像算法中的某些参数或过程，成为解决现有图像重建方法中超参数或先验信息选择的有效手段。迭代重建方法与深度学习融合的方法可优势互补，提高图像重建质量。

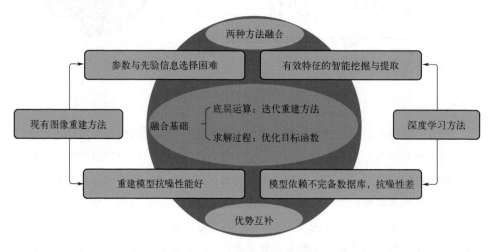

图2-4 深度学习与图像重建方法结合

电学层析成像深度学习图像重建方法的研究中，主要研究内容是采用深度学习理论探索合适的网络结构，以更好地适应ERT图像重建中边界测量与介质分布之间的非线性映射关系。针对迭代重建方法中超参数与先验信息的选择问题，以Landweber迭代正则化方法为例，采用深度学习智能特征工程的优势，联合学习超参数与先验信息。

层析成像深度学习图像重建技术：电阻及电阻/超声双模态融合

2.3.3 深度学习多模态融合重建的实现

由于单模态深度学习图像重建方法不能满足复杂分布多相介质的检测需求，深度学习图像重建方法的研究自然延伸到针对更丰富、更复杂的多模态数据层析成像图像重建中，其目标是以不同模态特征信息互补的方式对多相介质分布进行高质量的图像重建。在单模态深度学习重建方法研究的基础上，分析多模态深度学习在医学[128, 129]、人类活动[130, 131]、人工智能[132, 133]等领域的研究思路，提出了多模态深度学习图像重建方法的研究思路：设计合理的网络结构，将不同模态的测量信息映射到相同维度的图像空间信息，采用合适的融合策略与融合方法进行不同模态特征的交互、融合，得到不同模态特征的共享语义空间进行图像重建。因此，设计合理的融合网络、选用合适的融合策略与融合方法是多模态深度学习图像重建方法的主要内容。

（1）多模态深度学习图像重建融合策略

根据多模态信息的不同融合位置，多模态深度学习重建中的融合策略可分为数据级融合、特征级融合、决策级融合和混合融合[134]。融合策略的选择对于多模态深度学习图像重建是至关重要的，不同融合策略如图2-5所示。

图2-5（a）中数据级融合是将不同模态的测量信息进行拼接，拼接后的矩阵作为多模态深度学习图像重建网络的输入，此时的输入包含来自不同模态的测量信息。然而，由于不同成像模态的测量信息之间的差异很大（物理意义不同、空间维度不同），隐藏单元很难直接从测量数据中建模它们之间的相关性，因此，数据级融合一般适用于同质层析成像技术测量信息的融合。图2-5（b）中的特征级融合是不同模态的信息经过各自网络分别提取特征向量后，将各模态特征向量通过合适的融合方法连接到一起，形成多模态特征的共享语义空间，最终通过有效的图像重建网络实现图像重建。图2-5（c）中的决策级融合是不同模态的测量信息通过相同或不同的网络分别实现图像重建，最后采用合适的融合方法将不同模态的重建结果融合在一起。混合融合策略结合了两种或两种以上不同的融合策略，图2-5（d）中的混合融合策略结合了特征级融合和决策级融合，综合了两种融合策略优点的同时，也增加了网络结构的复杂性与训练难度。

不同的融合策略各有优缺点，数据级融合和决策级融合会抑制模态内或模态间的交互作用，决策级融合策略能较好地处理过拟合，但双模态特征信息使用不充分。特征级融合策略能较早地捕捉不同模态特征之间的互补或冗余关系，但比较容易过拟合，常常通过在损失函数中添加正则化项防止过拟合，同时也可以在图像重建网络中添加一些其他防止过拟合的措施。混合融合策略比较灵活，但其设计过程比较复杂，需要进行大量的调试。

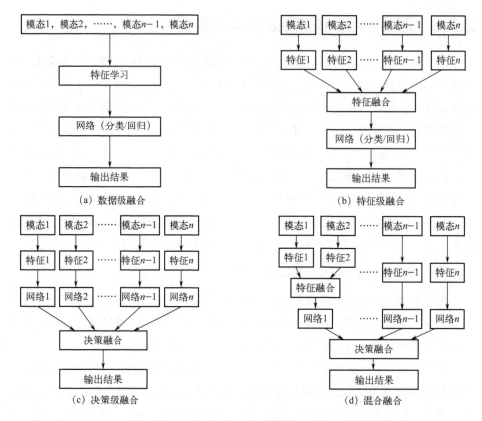

图2-5 不同融合策略

（2）多模态深度学习图像重建融合方法

多模态融合策略为多模态融合方法提供了合适的融合位置，多模态融合方法也是多模态深度学习图像重建研究中的关键问题。多模态信息具有数据量大、多样性和复杂性高等优点。然而多模态数据的复杂性更为突出，尤其是多模态信息是由多个相互独立模态的数据构成的，这些模态信息是对相同介质分布的不同角度描述。多模态融合的目的是缩小不同模态信息间的差异性，同时又能保持各个模态自身语义的完整性，并能在深度学习重建模型中取得最优的性能。多模态融合方法是集成不同模态的特征提高深度学习图像重建模型的性能，弥补单模态特征信息有限而造成的重建图像质量差。常见的融合方法主要包括联合融合和协同融合，其中联合融合是联合不同模态的特征，同时将其映射到共享语义空间，达到融合多个模态特征的目的。联合融合方法常见的有如下几种[135]。

① "加"联合方法。

该方法在某一隐藏层中将各个模态的特征向量通过相加组合在一起，构成多模

层析成像深度学习图像重建技术：电阻及电阻／超声双模态融合

态特征共享语义空间，从而实现多个模态特征的融合，其公式为

$$\Gamma = \boldsymbol{w}_1^{\mathrm{T}} \boldsymbol{q}_1 + \boldsymbol{w}_2^{\mathrm{T}} \boldsymbol{q}_2 + \cdots + \boldsymbol{w}_h^{\mathrm{T}} \boldsymbol{q}_h \tag{2-24}$$

其中，Γ是多模态特征共享语义空间；$\boldsymbol{q}$是各个单模态的特征向量；$\boldsymbol{w}$是不同模态特征的权重；h为模态数量。

②"拼接"联合方法。

"拼接"联合方法将不同维度不同模态的特征信息投影到具有相同尺度的特征向量，然后在特征维度进行顺序拼接，拼接后的特征向量构成多模态共享语义空间实现多模态特征的融合，其公式为

$$\Gamma = \left[\boldsymbol{w}_1^{\mathrm{T}} \boldsymbol{q}_1, \boldsymbol{w}_2^{\mathrm{T}} \boldsymbol{q}_2, \cdots, \boldsymbol{w}_h^{\mathrm{T}} \boldsymbol{q}_h \right] \tag{2-25}$$

③"乘"联合方法。

"乘"联合方法将不同单模态特征向量的乘积构成多模态特征共享语义空间，其公式为

$$\Gamma = \boldsymbol{q}_1 \otimes \boldsymbol{q}_2 \otimes \cdots \otimes \boldsymbol{q}_h \tag{2-26}$$

"加"联合融合方法和"拼接"联合融合方法容易实现，但其特征向量简单组合易造成多模态信息不能交互而图像重建网络性能不能显著提升；"乘"联合融合方法是通过计算多个模态特征的外积，实现不同模态特征的简单交互。多模态联合融合的优点是融合方式简单、多模态扩展性好，缺点是各个模态特征不能充分交互，可能会丢失跨模态信息而不能适应复杂的图像重建过程，影响融合效果。

多模态深度学习协同融合是各个单模态特征在相似性或相关性度量约束下相互协同实现融合[136]。协同融合方法主要是通过定义相似性或相关性函数对不同模态特征进行相似或相关分析，学习多模态协同子空间，实现不同模态特征交互。协同融合的优点是各个模态特征可较充分地交互，缺点是很难在两种以上的模态之间实现融合，多模态融合扩展性略差。需探索适合多模态层析成像的融合方法，充分挖掘多模态以及跨模态的特征信息。

2.4　重建图像评价指标

层析成像图像重建方法需采用定性评价方法与定量评价指标进行重建质量的评估。其中，定性评价可以通过视觉观察，对比重建图像与对应真实分布（仿真

模型分布或实验模型分布）之间的差异做出判断。定量分析不同图像重建方法重建图像的质量时，常采用相对误差（Relative Error，RE）与相关系数（Correlation Coefficient，CC）两个定量评价指标[137]。RE定义为重建方法重建的介质分布与对应真实分布之间的相对误差，其表达式如下：

$$RE = \frac{\|\boldsymbol{x} - \hat{\boldsymbol{x}}\|_2}{\|\boldsymbol{x}\|_2} \times 100\% \qquad (2\text{-}27)$$

式中，$\boldsymbol{x}$ 为真实分布的像素向量；$\hat{\boldsymbol{x}}$ 为重建方法预测介质分布的像素向量。

CC表示图像重建方法重建介质分布与对应真实分布之间的相似性，其表达式如下：

$$CC = \frac{\sum_{j=1}^{M}\left(\hat{\boldsymbol{x}}_j - \overline{\hat{\boldsymbol{x}}}\right)\left(\boldsymbol{x}_j - \overline{\boldsymbol{x}}\right)}{\sqrt{\sum_{j=1}^{M}\left(\hat{\boldsymbol{x}}_j - \overline{\hat{\boldsymbol{x}}}\right)^2 \sum_{j=1}^{M}\left(\boldsymbol{x}_j - \overline{\boldsymbol{x}}\right)^2}} \qquad (2\text{-}28)$$

式中，$\hat{\boldsymbol{x}}_j$ 是 $\hat{\boldsymbol{x}}$ 的第 j 个元素；$\overline{\hat{\boldsymbol{x}}}$ 是 $\hat{\boldsymbol{x}}$ 的均值；$\boldsymbol{x}_j$ 是 $\boldsymbol{x}$ 的第 j 个元素；$\overline{\boldsymbol{x}}$ 是 $\boldsymbol{x}$ 的均值；M 是重建图像像素的总个数。

以上两种评价指标比较的出发点不同，所以它们评价的侧重点也不同。RE与CC从定量的角度评价重建图像的质量，RE值越小表示重建图像越接近真实分布，CC值越大表示重建图像与真实分布之间的相似度越大，重建结果越好。

2.5 多相介质分布数据库

基于深度学习的图像重建方法与现有图像重建方法的区别之一是需要用于图像重建网络训练和测试的数据库。而通过深度学习进行层析成像图像重建研究时，多相介质分布监测应用的相关领域中还没有共享的数据库。此外，多相介质分布的动态过程缺乏行业公认的标定设备，导致很难获取实验数据集。为了研究深度学习图像重建方法，研究中采用COMSOL Multiphysics与MATLAB联合仿真建立仿真数据库。

2.5.1 样本库的基本形式及内容

数据库是层析成像图像重建算法研究的一个重要部分。研究中数据库的样本主要模拟水平管道气水两相流中的离散气泡分布与分层分布的流动状态。样本库中每个样本的信息主要包含边界测量向量与描述仿真模型分布的像素向量。其中，根据场域中设置的仿真模型分布，求解图像重建正问题可获得边界测量向量；在被测场域中，将仿真设置模型按照某一物理参数的不同分布进行二值化处理，可获取描述仿真模型分布的像素向量。

（1）离散气泡样本的典型分布

随机变化的测试对象、不同应用需求的复杂测试环境及不同信噪比的测试系统，使得包含所有可能的多相介质分布样本的完备数据库很难建立。在不完备的、测量信息单一的数据库中重建多相介质分布，其重建精度或重建范围有限。可以探索电学与超声融合的深度学习图像重建方法，提高重建图像的质量和鲁棒性。因此，离散气泡分布样本的创建采用ERT和UT作为检测技术，获取不同模态的边界测量信息与描述仿真模型分布的像素向量，用于电学以及双模态层析成像深度学习图像重建方法的研究。

场域中不同介质分布通过改变圆形气泡的个数、半径以及不同位置的圆心坐标实现。基于目前通常采用的16电极（探头）传感器的层析成像系统分辨率大于5%，且研究中采用的ERT和UT的测试方法主要是针对导电的液体为连续相的气水两相介质分布。因此，离散气泡样本的典型分布设置为2%～50%场半径范围的气泡。场域内不同离散气泡两两互不相交作为不同气泡圆心坐标的约束条件。样本库中典型离散气泡分布样本如图2-6所示。

图2-6 离散气泡的典型样本分布

样本库中共有包含不同气泡个数、气泡位置随机分布的样本65112个。其中，以ERT作为检测技术的样本总量为41112个。考虑到UT正问题求解比较耗时，同时还需要满足研究中样本量的需求，所以以UT作为检测技术的样本总量比ERT作为检测技术的样本总量少一些，其样本总量为24000个。

（2）分层样本的典型分布

气水分层分布模型是指导电相水与不导电相气的分层分布。气相和水相接触的界面称为分界面，与气相完全接触的电极获取的边界测量信息出现较大值，该状态下的电极称为失效电极，与水相完全接触的电极称为有效电极。分层分布样本库中的不同分布主要体现在分界面的类型和位置。分界面的类型主要包括平面分界面和曲面分界面。根据分界面与失效电极、有效电极的相对位置不同，创建了四类样本，分别为分界面与失效电极接触、分界面与有效电极接触、分界面位于有效电极与失效电极之间，分界面位于两电极之间。以平面分界面为例，不同分界面的位置如图2-7所示。

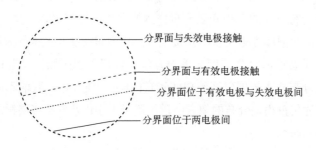

图2-7　分层分布分界面的位置

分层分布样本库中不同位置的分界面包含倾斜与水平的不同分布，不同分层分布的样本量大致相等，样本总量为10675，分层分布仿真样本库中的典型样本如图2-8所示。

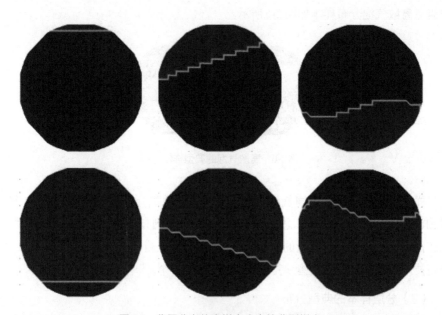

图2-8　分层分布仿真样本库中的典型样本

层析成像深度学习图像重建技术：电阻及电阻／超声双模态融合

2.5.2 离散气泡分布的样本建立

电阻/超声双模态融合层析成像图像重建研究中，假设声场和电场相互独立。因此，数据库的建立过程中分别用ERT、UT作为检测技术提取相同被测对象的边界电压向量、边界声压向量与对应仿真模型分布的像素向量。

（1）样本创建

ERT正问题采用物理场控制网格中的自适应三角极细网格，如图2-9（a）所示，UT正问题采用用户控制网格中的自由三角形网格，如图2-9（b）所示。气水两相介质中气泡离散分布仿真过程中，水为背景介质，其电导率为0.06 S/m，离散气泡的电导率为10^{-12} S/m，被测场域的内径为125 mm。16电极ERT仿真模型中每个电极宽10 mm，采用相邻电流激励和相邻电压测量的工作模式。根据建立的稳态物理场与已知的离散气泡介质分布，当所有的电极被依次激励一次后，求解ERT正问题可获取一个与介质电导率分布相关且含有208个元素的测量电压向量。16探头的UT仿真模型中，超声波的频率为1 MHz，每个超声换能器压电晶片内径为9 mm，由于超声扩散角有限，实验中一个探头激励时可获得对面5个探头的有效数据，为了保持与实验相同数量的有效数据，仿真中采用1个超声换能器激励，对面5个超声换能器接收声压的工作模式，16个超声换能器循环激励一周，求解UT正问题共获得包含80个元素的边界声压向量。

  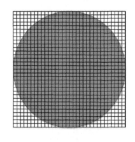

(a) ERT正问题   (b) UT正问题   (c) 反问题

图2-9 正问题与反问题网格

在仿真模型分布的像素向量提取过程中，考虑到网格数目对成像质量与成像时间的影响，将32×32方形场域剪切后的圆形场域作为成像区域，如图2-9（c）所示，此网格限制的分辨率为3.12%（3.90 mm）。被测场域中设置了不同的仿真模型分布，与仿真模型分布相关的像素向量由多相介质不同的物理参数（电学或声学）分布进行二值化处理后获得的数值序列构成，背景介质水的像素值设置为0，离散相气泡的像素值设置为1。因此，场域中描述仿真模型分布的像素向量包括812个元素。

（2）样本信息预处理

为了避免系统噪声引起测量信息的波动而造成成像结果不稳定，需要将ERT测量信息进行预处理。研究中将有介质分布的ERT测量信息与无介质分布的ERT测量信息相减，表达式如下：

$$y = y_g - y_w \qquad (2\text{-}29)$$

其中，y_g 为场域中有介质分布时的边界电压向量；y_w 为场域中充满水时的边界电压向量；y 为 y_g 与 y_w 之间的差值向量。

为了简洁描述，数据库中的 y 统称为边界测量电压，预处理后的边界信息如图 2-10（a）所示。

边界声压信息预处理需要考虑两个方面：一方面要避免系统噪声的干扰；另一方面超声透射层析成像技术中由于衰减系数和声压幅值是指数关系，而ERT边界电压与电导率是线性关系，为了保持一致，需要得到衰减系数与声压信息的线性关系。因此，UT测量的声压信息预处理过程如下：

$$p = \log \frac{p_g}{p_w} \qquad (2\text{-}30)$$

其中，p_g 为场域中有介质分布时的边界声压向量；p_w 为场域中充满水时的边界声压向量；p 为预处理后得到的边界声压向量。

为了描述简单，数据库中的 p 统称为边界声压向量，预处理后的边界信息如图 2-10（b）所示。

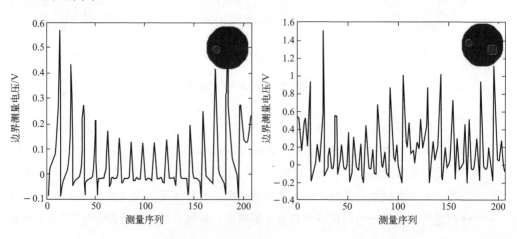

层析成像深度学习图像重建技术：电阻及电阻／超声双模态融合

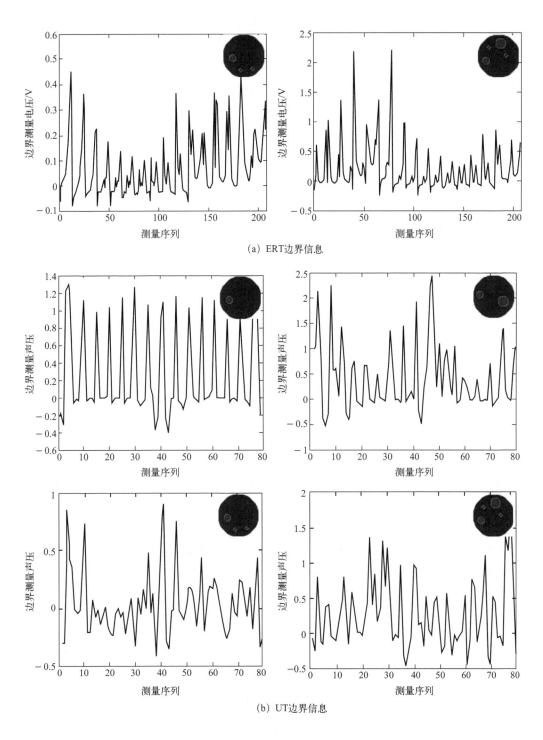

(a) ERT边界信息

(b) UT边界信息

图2-10 离散气泡分布样本的边界信息

许多机器学习算法对数据库的一般要求是数据的标准化。如基于欧氏距离、曼哈顿距离的聚类算法中，如果想要所有数据对算法都有贡献，则必须标准化；使用梯度下降优化器的神经网络，采用标准化会让权重更快收敛。随着深度学习技术的不断突破，越来越多的方法，如权重初始化、正则化、批量归一化（Batch Normalization，BN）等都可帮助权重收敛，提升学习效率，从这个角度分析，数据库标准化不是必需的。另外，预处理后的ERT测量信息与UT测量信息范围相差不大，数据库标准化后的重建结果略差于无标准化的重建结果，可能数据经过标准化处理后丢失了原始测量信息的某些细节，而丢失的这些信息恰好对于图像重建有重要影响。综合分析，在层析成像深度学习重建算法的研究中，离散气泡分布的样本没有标准化处理。

2.5.3　分层分布的样本建立

研究中以ERT作为监测技术提取分层分布样本的边界电压向量与对应仿真模型分布的像素向量，创建分层分布样本库，用于电学深度学习图像重建网络的训练与验证。

（1）样本创建

分层分布样本创建过程中ERT仿真模型、工作模式、正问题与反问题网格剖分及场域中多相介质电导率等的设置与离散气泡分布样本创建过程完全相同，不同之处在于场域中的介质分布不同。根据建立的稳态物理场与已知的仿真模型分布，当所有的电极被依次激励一次后，求解ERT正问题，可获取与介质电导率分布相关且含有208个元素的边界测量向量。

分层分布仿真模型像素向量的提取过程与离散气泡样本仿真模型分布像素向量提取方法一样，即将场域中812个像素点处对应介质的电导率进行二值化处理，获得与分层分布仿真模型相关的像素向量。

（2）样本信息预处理

分层分布中电压测量序列的幅值范围比较大，为了使所有的测量值在重建过程中都能起作用，分层分布的边界测量序列按照式（2-29）与满管水的边界电压序列进行差值计算后，还需要进行归一化处理，计算公式为

$$\bar{y}_k = \frac{y_k - \min(y)}{\max(y) - \min(y)} \tag{2-31}$$

其中，y_k 为按照式（2-12）计算的边界测量序列 y 中的第 k 个值；$\bar{y}_k$ 是 y_k 归一化后

对应的值。

预处理后的边界信息如图2-11所示。

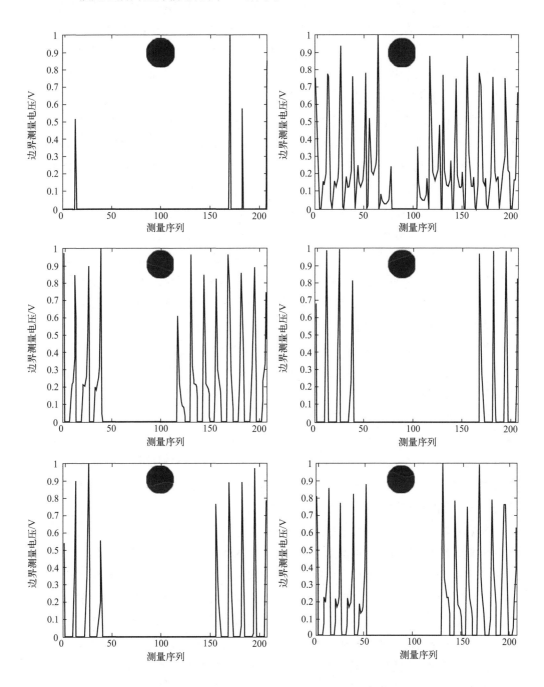

图2-11　分层分布样本预处理后的边界信息

2.5.4　数据库中样本集的使用

ERT深度学习图像重建研究中，采用离散气泡分布样本为研究对象，该样本集被分为用于训练图像重建网络的训练集（37009个样本）和用于测试图像重建网络性能的测试集（4113个样本）。训练集中不同类型的样本数量大致相等，测试集中不同气泡个数分布的样本数量分别为988、1263、1113和749，训练集和测试集是在同一仿真环境中获取的独立同分布样本。

为了验证由离散气泡分布样本确定的ERT深度学习重建方法是否适用于其他介质分布，研究中采用分层分布仿真样本对离散气泡分布样本确定的网络结构进行训练后，采用分层分布的动态实验数据进行验证。分层分布仿真样本总量为10675，其中，训练集样本量为8000，测试集样本量为2675。

在进行双模态融合的深度学习图像重建方法研究之前，需要将离散气泡分布的ERT测量信息与UT测量信息进行同一样本的配准，同时不同气泡个数的样本量要大致相同，保持样本集的均匀性，为双模态深度学习图像重建算法的研究提供可靠的双模态样本集。数据库创建过程中，由于超声仿真时间较长，将UT作为检测技术的离散气泡分布样本较少，是将ERT作为检测技术时多相介质分布样本的一部分，因此，在双模态测量数据配准过程中，以将UT作为检测技术的样本为准，将同一仿真模型分布的像素向量 x、该分布对应的ERT边界电压向量 y 以及UT边界声压向量 p 组合在一起，构成一个有序的样本集合 $\{x, p, y\}$，所有相同分布样本信息配准后的双模态样本集用于双模态融合深度学习图像重建方法的研究。此外，由于以UT作为检测技术的4个泡的样本量远小于其他种类的样本量，为了满足双模态融合研究中样本集的均匀性的要求，双模态样本集中不包含4个泡的样本，其样本总量为23503。按照8:2的比例将双模态样本集分成训练集与测试集，训练集中样本总量为18900，且不同个数气泡分布的样本量相等。测试集中样本总量为4603，不同个数气泡的样本量分别为788、1402、2413。

数据驱动的深度学习图像重建方法将边界测量向量作为网络的输入，场域中介质分布微小的变化都可能造成测量空间发生很大的变化，这一点不同于将图片作为网络的输入的机器视觉，因此，机器视觉中常用的翻转、旋转、缩放、剪裁、平移等图像增强方法都不适用于深度学习图像重建方法研究中所创建的多相介质分布数据库的增强。目前唯一可借鉴的方法是给测量电压向量或声压向量叠加噪声。研究中，不同深度学习图像重建方法抗噪性能测试中，将高斯白噪声添加到测试集来扩增测试集；此外，数据驱动深度学习ERT图像重建方法的研究中，也尝试将高斯白噪声添加到训练集来扩增训练集，提高深度学习图像重建网络的抗噪性。

2.6 本章小结

本章在介绍电阻层析成像技术的数理模型、正问题、反问题等内容的基础上，总结了图像重建的常用方法。尽管只对深度学习图像重建方法进行研究，但还是将现有重建方法进行简单介绍，一方面现有重建方法仍然在继续发展中，另一方面，现有重建方法是基于理论的近似模型，可用于指导深度学习网络设计，同时其重建图像也可作为深度学习重建方法的初始解。在总结深度学习应用于反问题的解释性基础上，分析了深度学习在单模态图像重建与多模态融合成像的实现思路，并给出重建图像质量评价指标。最后建立包含离散气泡分布和分层分布的样本库，用于深度学习重建方法的训练与测试。

第3章

V型网络ERT
图像重建方法

为了解决ERT图像重建中边界测量与介质分布之间的非线性映射关系，本章提出数据驱动的V-Net图像重建方法，实现ERT图像重建。为了更好地适应边界测量与介质分布之间的非线性关系而学习到较优的重建模型，本章还提出密集连接的VD-Net网络，增加V-Net网络中的信息流与梯度流，实现高质量的图像重建。

3.1　卷积神经网络

CNN是深度学习的重要分支，主要用来处理图像数据和时间序列。相比于其他典型网络结构，CNN通过局部感知、共享权重，在分类或回归任务方面有着独特的优势[138]，大大降低了模型的复杂度，同时具有平移、旋转、缩放等不变性特征。CNN基本结构由卷积层（Convolution Layer，CL）、池化层（Pooling Layer，PL）、反卷积层（Deconvolution Layer，DL）、全连接层（Fully-connected Layer，FL）等构成，卷积层和池化层是实现特征提取的关键，一般交替设置，会取若干个。当CNN网络层数比较多时，常采用残差层来解决网络的退化问题[139]。

（1）卷积层

卷积层的功能是对输入特征图进行特征提取。如图3-1所示，其将输入特征图中一个子节点矩阵映射为输出特征图中一个单位节点矩阵，单位节点矩阵的深度即卷积核（也被称为过滤器）的深度，对应输出特征图的通道数。卷积核依次从左到右、从上到下按照指定的步长感知输入的特征图，可以获得不同语义空间的输出特征图。

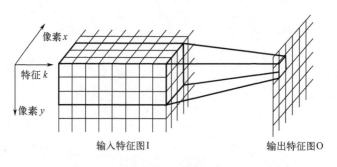

像素 x

特征 k

像素 y

输入特征图I　　　　　　　　　输出特征图O

图3-1　卷积层

卷积层（CL）中的卷积运算可看作是卷积核对某个局部感知区域的加权求和，

通常在卷积结果中加入偏置并引入非线性激活函数来表达复杂的特征，常用的激活函数有Sigmoid函数、Tanh函数及ReLU函数等。CNN网络中不同位置的卷积层作用不同，其对应的卷积核尺寸和激活函数也会发生变化。

CNN中除了标准卷积运算外，常用的还有空洞卷积运算。空洞卷积是在不降低空间维度、不损失信息的情况下，在卷积核中插入空洞增加感受野。与普通卷积相比，空洞卷积多了超参数空洞率。空洞率指的是卷积核中不同元素之间的间隔数量，当空洞率等于1时，即为标准卷积。

（2）池化层

在卷积层进行特征提取后，卷积层输出的特征图被传送到池化层（PL）中进行特征选择与信息过滤，有效地降低了输入特征图的维度、加快了计算速度，同时还可防止过拟合。PL过滤器中常采用最大值或平均值，相应的池化层分别称为最大池化层、平均池化层。池化层在输入特征图中长和宽两个维度上移动设置好尺寸的过滤器，同时将过滤器区域的局部输入特征图取最大或平均值作为池化层输出特征图的一个像素，如图3-2所示。

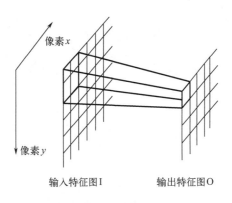

图3-2　池化层

（3）反卷积层

反卷积层（DL）又称为转置卷积层，是一种特殊的卷积操作。如图3-3所示，DL的输入、输出矩阵与卷积层的输入、输出矩阵刚好相反，DL的卷积核将输入特征图的单位节点矩阵映射到输出特征图的某一子节点矩阵。DL在深度学习中的作用主要是对提取的特征图进行上采样，重建或恢复图像。

（4）全连接层

全连接层（FL）中，每层网络由若干个神经元构成，相邻两层的神经元之间都

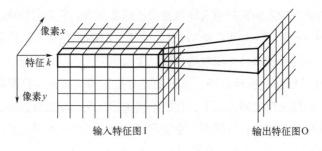

图3-3 反卷积层

有连接，同一层的神经元之间无连接，其参数量多，计算量大，其结构如图3-4所示。卷积网络中不同位置的FL作用不同，当FL位于卷积层和池化层后时，其作用主要是针对提取的特征进行非线性学习完成分类或回归；当FL位于卷积层前时，其作用主要是针对原始输入数据进行浅层特征提取或非线性逼近某一空间变量。

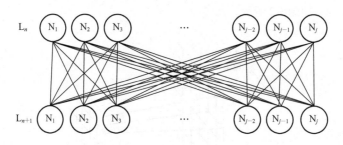

图3-4 全连接层

（5）残差层

随着网络层数的增加，理论上网络性能会越来越好，但在实际应用中，会发生网络的退化问题，即随着网络层数增加到一定数量，越深的网络反而效果越差，这并不是过拟合或梯度衰减造成的。为了解决此问题，何凯明等提出残差网络，其主要特点是在网络层输入与输出之间添加了单位映射，即直接将输入传输到输出端，可学习的网络作为另一部分输出，如图3-5所示[139]。

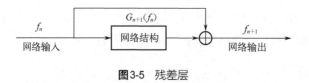

图3-5 残差层

层析成像深度学习图像重建技术：电阻及电阻/超声双模态融合

残差层的输出与其输入之间的关系为[139]

$$f_{n+1} = G_{n+1}(f_n) + f_n \tag{3-1}$$

其中，f_{n+1} 是第 $n+1$ 层的输出；f_n 是第 n 层的输出，也是第 $n+1$ 层的输入；G_{n+1} 为无残差层时第 $n+1$ 层输入与输出之间的非线性关系。

选用合适的训练方法在对应的数据库中对卷积神经网络进行训练，可学习输入与输出之间的映射模型，完成分类或回归任务。在实际应用中，需要根据研究对象、研究目标设计不同结构的卷积神经网络，满足不同的应用需求。目前常用的卷积神经网络主要包括：AlexNet[89]、ResNet[139]、VGGNet[140]、GoogLeNet[141]、U-Net[142]等。

3.2　V-Net图像重建方法

3.2.1　重建网络构建思路

随着卷积神经网络的发展，许多不同的网络拓扑结构被用来解决反问题，如U-Net网络由于具有提取图像特征的收缩路径和精确定位的对称扩散路径，成功应用于医学图像分割领域[142]。U-Net网络结构的限制，使其只能用于处理图像，不能解决由边界测量序列重建介质分布图像的层析成像图像重建问题。然而，U-Net网络中特征提取路径与精确定位分割路径，分别为重建网络的特征提取过程与图像重建过程提供了启发与研究基础。此外，卷积神经网络中全连接层的非线性建模能力，可以实现不同空间变量的转化。在分析与总结U-Net网络及常见卷积神经网络的基础上，提出层析成像图像重建网络可以基于图3-6中的初始成像（Initial Imaging Block，IIB）、特征提取（Feature Block，FB）、图像重建（Reconstruction Block，RB）3个基本模块进行设计。

万能逼近理论指出全连接神经网络可以学习任意非线性函数，即实现不同空间变量之间的非线性逼近。研究中利用全连接层非线性逼近的特点，设计了由5个全连接层构成的模块，将测量空间的测量信息转换到图像空间的像素信息，实现初始成像。图3-6的IIB模块中，全连接层神经元的数量分别为812、406、250、406、812。以ERT图像重建为例，ERT传感器获得的208个边界测量信息作为IIB的输入层，描述介质分布的812个像素构成的向量作为IIB的输出。

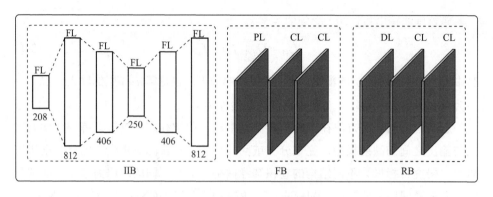

图3-6　图像重建网络中的基本模块

　　由于具有权重共享、局部感知、训练简单等特点，卷积神经网络常用于不同分类或回归任务中。其中，2个连续的卷积层增大感受野范围的同时减少了参数量，卷积层和池化层组合的结构在特征提取方面表现出了突出的优势，由2个卷积层和1个池化层构成的典型特征提取模块，在U-Net网络和其他CNN网络的特征提取过程中发挥了主要作用。因此，研究中也将这样的特征提取模块作为深度学习图像重建方法中特征提取过程的基本单元，如图3-6中的FB模块。

　　卷积层和池化层组合的特征提取模块提取的特征具有小尺寸、高维度、高语义等特点，层析成像图像重建的过程需要从这些高维语义的特征中重建多相介质分布。超分辨率重建[118]、U-Net[142]及GAN[143]等网络都可以证实反卷积层和卷积层组合的模块具有恢复图像的功能，它们在还原图像尺寸的同时还可重建图像的细节。这些优势为从特征提取过程提取的特征中重建介质分布提供了解决方案。因此，研究中将反卷积层和卷积层组合的模块称为图像重建模块，作为层析成像图像重建网络中重要的组成部分，如图3-6中的RB模块。

　　ERT图像重建网络基本框架由初始成像、特征提取、图像重建3个基本模块构成。其中，采用5层全连接组合的IIB模块，将边界测量转化为图像空间的像素信息，实现初始成像；若干个FB模块组合在一起，逐层提取高维特征信息，实现图像重建所需特征的提取；若干个RB模块组合在一起，逐层恢复不同尺度的特征信息，最后实现图像重建。FB和RB两个模块的数量影响ERT重建质量，需要大量的实验测试。此外，针对CNN网络中层数较多时可能出现的网络退化问题，将IIB模块的输出直接连接到网络倒数第二层的输出，构成残差层。这样将不同模块依据各自的功能顺序组合在一起构成层析成像图像重建网络，采用合适的训练方法进行训练，探索不同个数的FB和RB模块对图像重建性能的影响，可以设计出适合层析成像图像重建的网络。

3.2.2 重建网络的训练

损失函数是深度学习图像重建方法的优化目标，在图像重建网络训练过程中起着重要作用，其衡量重建网络预测的介质分布和仿真模型分布两者之间的差异，并监督和约束图像重建模型的学习过程。

常见的损失函数是采用网络最后一层的输出计算交叉熵，根据任务需要还可添加一些约束条件，如正则化项。基于IIB、FB、RB以及残差层构成的ERT图像重建网络是数据驱动模型，其收敛过程相对较长。另外，由于网络的复杂性，当损失函数的梯度传播到前5层（即IIB模块）时，梯度值可能很小，很难有效地训练与更新前5层的参数。为了增加损失函数的梯度值缓解前5层的梯度衰减或消失问题，并加速收敛过程，将根据第5层输出计算的交叉熵添加到损失函数中，修正后的损失函数为

$$W(\boldsymbol{x}, \boldsymbol{w}) = h_1 \times d_5(\boldsymbol{x}) + h_2 \times d_l(\boldsymbol{x}) + h_3 \times R(\boldsymbol{w}) \tag{3-2}$$

$$d(\boldsymbol{x}) = -\frac{1}{M} \sum_{j=1}^{M} \hat{\boldsymbol{x}}_j \times \log(\boldsymbol{x}_j) \tag{3-3}$$

其中，$W(\boldsymbol{x}, \boldsymbol{w})$ 为图像重建网络的损失函数；$d_5(\boldsymbol{x})$ 是根据第5层输出和仿真模型分布的像素向量计算的交叉熵；$d_l(\boldsymbol{x})$ 是根据网络最后一次输出和仿真模型分布的像素向量计算的交叉熵；$R(\boldsymbol{w})$ 是权重的二范数正则化约束项；h_1、h_2、h_3 分别是 $d_5(\boldsymbol{x})$、$d_l(\boldsymbol{x})$、$R(\boldsymbol{w})$ 的系数。

式（3-2）中，$d_5(\boldsymbol{x})$ 和 $d_l(\boldsymbol{x})$ 都是网络优化目标的重要组成部分，二者在网络训练过程中相互影响，$R(\boldsymbol{w})$ 是辅助约束项，此外，h_1 影响初始成像的速度与精度，h_2 影响最终成像的速度与精度，最终设置为 $h_1 = h_2 = 1$，$h_3 = 0.001$。

ERT图像重建网络训练过程如下：样本库中ERT边界测量向量作为图像重建网络的输入，信息流逐层通过重建网络进行前向传播，依次完成初始成像、特征提取及图像重建等过程，网络第5层输出、最后一层预测的介质分布像素向量及对应仿真模型分布像素向量是损失函数的自变量，网络训练过程中损失函数作为图像重建模型学习过程中的优化目标，结合动量随机优化器，通过梯度流的反向传播更新网络中的每个参数，使得网络预测的介质分布在训练过程中越来越接近仿真模型分布。重复上述步骤，直到损失函数曲线在一段时间内保持稳定变化。网络中参数更新方程为

$$\begin{cases} \boldsymbol{w}_t = \boldsymbol{w}_{t-1} \times \gamma - \eta \times \dfrac{\partial W}{\partial w_{t-1}} \\ \boldsymbol{b}_t = \boldsymbol{b}_{t-1} \times \gamma - \eta \times \dfrac{\partial W}{\partial b_{t-1}} \end{cases} \tag{3-4}$$

其中，w_t 是第 t 次训练的权重；w_{t-1} 是第 $t-1$ 次训练的权重；b_t 是第 t 次训练的偏差；b_{t-1} 是第 $t-1$ 次训练的偏差；η 是学习率；γ 是动量系数。

ERT图像重建网络训练时，通过观察损失函数的变化采用经验早停策略来调整超参数。最终超参数设置如下：批量为200，学习周期为200；动量为0.9；初始学习率是0.01，采用指数衰减改变学习率，衰减率为0.99；所有权重和偏差初值的设置采用均值为0、偏差为0.01的随机初始化方法。

3.2.3 重建网络结构的选择

ERT图像重建网络中有3个结构参数：特征模块数量 k、图像重建模块数量 g 和网络的总层数 n。其中，n 由 k 和 g 两个变量决定，探索结构参数的取值是设计合适的ERT图像重建网络的关键问题。为此，进行了一系列仿真测试实验。采用不同数量FB模块和RB模块的不同ERT图像重建网络训练结束后，在测试集中进行测试，其成像结果的平均RE和平均CC如表3-1所示。

表3-1 不同重建网络测试结果的平均RE和平均CC

不同ERT重建网络	平均RE	平均CC
网络1（k=2，g=2，n=18）	0.482	0.867
网络2（k=3，g=2，n=21）	0.485	0.863
网络3（k=3，g=3，n=24）	0.483	0.862
网络4（k=4，g=3，n=27）	0.491	0.864
网络5（k=4，g=4，n=30）	0.525	0.851
网络6（k=5，g=4，n=33）	**0.331**	**0.937**
网络7（k=5，g=5，n=36）	0.349	0.913
网络8（k=6，g=5，n=39）	0.343	0.932

表3-1中，网络1、网络2、网络3、网络4和网络5由于网络结构表达能力的限制，训练后模型的成像质量较差。网络6重建图像的平均RE和平均CC两个指标优于其他模型。随着模型层数的增加，网络7和网络8的重建性能略有下降，其中，网络7的图像重建结果与网络6相比，平均误差增加了1.8%，主要原因是当网络层数增加到一定程度时，深层网络性能可能会下降[139]。因此选择网络6作为最佳的网络结构，下文主要针对这一模型进行讨论。

研究中采用5倍交叉验证的方法对用于ERT图像重建的网络6进行最优模型的选择。5倍交叉验证即样本集被平均分成5个相等的子集，其中一个子集是测试集，其余4个子集构成训练集，利用训练集完成网络训练任务，再利用测试集测试训练后网络的性能，交叉验证重复5次。因此，当采用5倍交叉验证方法训练图像重建网络6时，得到5个不同参数的图像重建模型，将5个模型在测试集中进行重建性能的测试，不同模型重建结果的平均RE和平均CC如表3-2所示。模型1的平均RE为0.33，平均CC为0.93，在5个模型中，该模型得到了最小平均RE和最大平均CC，重建图像最接近仿真模型分布。因此，将交叉验证模型1作为网络6的最优重建模型。下文主要针对模型1进行分析。

表3-2　网络6采用5倍交叉验证时成像结果的平均RE和平均CC

交叉验证模型	平均RE	平均CC
模型1	**0.33**	**0.93**
模型2	0.34	0.92
模型3	0.35	0.91
模型4	0.36	0.91
模型5	0.35	0.91

3.2.4　V-Net网络构建结果

经过训练与测试不同结构的图像重建网络，最终选择的图像重建网络6的结构如图3-7所示，网络形状近似V型，故称为V-Net图像重建网络，其主要由初始成像过程、特征提取过程与图像重建过程构成。初始成像过程采用1个IIB模块完成边界电压与介质分布之间的非线性映射，将信息由测量空间转换到图像空间。初始成像后，将描述圆形测量区域中介质分布的812个像素的向量映射到反映介质空间分布的32×32维矩阵中。特征提取过程采用5个FB模块自学习提取了一个1024维的特征（2×2×1024），最终提取的特征维数等于重建图像像素的数量，高维度的特征用来改善图像重建问题的不适定性。基于特征提取过程提取的高维特征，图像重建过程采用4个RB模块进行图像重建，可以获得较好的重建质量。1个残差层增加了最后一层前向信息流和第5层反向梯度流的同时，解决网络的退化问题。4个短连接使特征提取过程的信息在图像重建过程中被再次使用，使图像重建过程可以保留某些细节，提高重建质量。

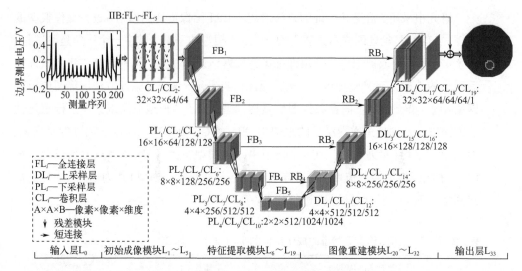

图3-7 V-Net网络结构

第1～5层是由全连接层FL_i（$i=1$，2，…，5）构成的IIB模块，其目的是将测量信息转换到图像空间的像素信息，实现初始成像。ERT传感器获得的208个边界测量信息作为网络的输入层L_0，812个像素的圆形场中介质分布向量作为L_5的输出，根据空间位置分布信息，将L_5输出向量的圆形成像区域投影到矩阵（32×32）成像区域，并作为其后面层的输入。

第6～19层是V-Net网络的特征提取过程，特征图的维度从1增加到1024，特征图的尺寸从32×32减少到2×2，提取图像重建所需特征的同时，改善了图像重建的不适定性。该过程由5个FB模块构成，FB_1模块中有2个卷积层CL_1、CL_2，除FB_1外，每个FB_i（$i=2$，3，…，5）模块中有2个卷积层CL_i（$i=3$，4，…，10）和1个池化层PL_i（$i=1$，2，…，4），不同的特征提取模块通过不同的池化层连接。

第20～32层是V-Net网络的图像重建过程，特征图的维度从1024减少到1，图像的像素从2×2增加到32×32，该过程主要包含4个RB模块，每个RB模块由2个卷积层CL_i（$i=11$，12，…，18）和1个反卷积层DL_i（$i=1$，2，3，4）构成，不同的重建模块通过反卷积层连接，这里的反卷积层主要是用来实现上采样。卷积层CL_{19}的输出特征图维度为1，降低了维度，同时融合了卷积层CL_{18}的64个特征图。

L_5的输出与L_{32}的输出（矩阵场剪切出圆形场的像素向量）相连接，构成残差层，用于解决V-Net网络的退化问题，残差连接的输出也是L_{33}的输出。在前向传播过程中，L_5的输出可以直接传播到L_{32}的输出，从而缓解L_{33}的信息消失问题。在反向传播过程中，损失函数的梯度可以直接传播到L_5，从而缓解了L_5的梯度消失问题。此外，残差层将L_5的初始成像结果与L_{32}的输出相结合，有效地促进了浅层

层析成像深度学习图像重建技术：电阻及电阻／超声双模态融合

图像和深层图像的融合。

第7、10、13、16层的输出分别拼接到第29、26、23、20层的输入，构成4个短连接，使得特征提取过程提取的部分特征在图像重建过程中再次被使用，实现了特征提取过程和图像重建过程之间的特征融合。另外，4个短连接增加了信息流和梯度流，也增加了其后层输入的变化，促进网络的优化，并加快网络的收敛速度。

3.2.5　V-Net网络抗噪性测试

为了测试V-Net图像重建网络的抗噪性，在测试集中分别添加信噪比为20~60 dB的高斯白噪声（与硬件系统的实际噪声范围一致[144]），并使用训练好的V-Net网络依次在不同噪声的测试集中进行测试，重建结果如图3-8所示。

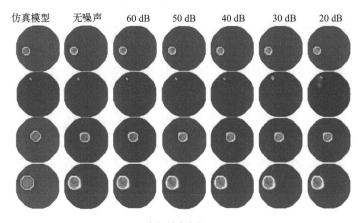

（a）单内含物

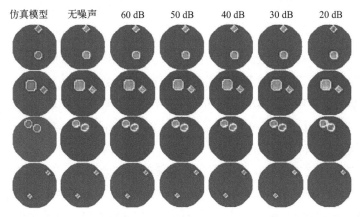

（b）双内含物

图3-8

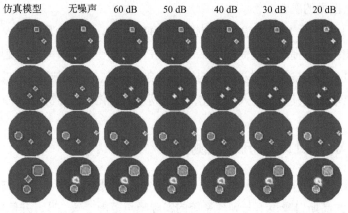

（c）三个内含物

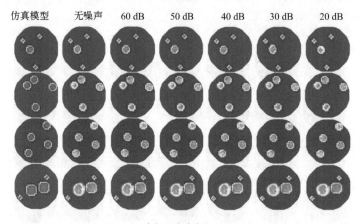

（d）四个内含物

图3-8 V-Net网络不同噪声水平的重建结果

图3-8无噪声的重建结果中，单内含物、双内含物的重建质量优于三个内含物、四个内含物的重建质量。对于不同信噪比水平的边界测量信息，采用V-Net网络可较准确地重建场域内的多相介质分布，其中，添加信噪比为40～60 dB噪声样本的重建结果与无噪声样本的重建结果几乎相同，都能反映场域中仿真模型分布，当噪声增大到信噪比为20～30 dB，部分样本的重建结果与仿真模型分布相比，成像质量略微变差，可能出现伪影、部分缺失、边缘模糊等情况。

为了定量分析不同噪声对V-Net网络重建质量的影响，计算了不同噪声水平测试集重建结果的平均RE和平均CC，如图3-9所示。随着噪声的增大，平均RE逐渐增大，平均CC逐渐减少。当信噪比大于40 dB时，平均图像误差保持在0.32～0.36之间，平均相关系数保持相对稳定，具有较高的相关性（0.91～0.925）。

当噪声继续增大，信噪比低于40 dB时，图像重建结果的两个性能指标明显降低，特别是当信噪比低于30 dB时，平均RE快速上升，平均CC急剧下降。

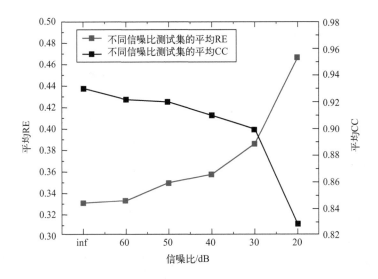

图3-9 不同信噪比测试成像结果的平均RE和平均CC

不同噪声测试集的定性与定量实验结果表明，在无噪声训练集中训练的V-Net图像重建方法具有良好的抗噪性能。当然，V-Net网络对于较大噪声的适应性有待进一步提高，主要原因是训练集是不完备的无噪声数据集，在此数据库中训练的模型，其抗噪性能有限。

采用33层的卷积神经网络学习图像重建中边界测量与介质分布之间的非线性关系，从V-Net图像重建方法的网络设计分析，其可能具备较强大的重建多相介质分布的能力，但从重建结果和定量指标来分析，该方法并没有训练到较优模型，需要进一步探索影响该网络性能的主要因素，提高重建图像的质量。V-Net图像重建方法是网络层数较多的模型，具有稀疏的信息流与梯度流，在前向传播过程中，随着信息的逐层传递，网络中的信息逐渐减少，越靠近输出层获得的信息越少；同时梯度的反向传播过程中，随着梯度的逐层传播，网络中的梯度逐渐减少，越靠近输入层梯度值越小。V-Net图像重建方法中稀疏的信息流与梯度流造成学习到的图像重建模型没有成为较优模型。需要进一步探索如何增加V-Net网络中的信息流与梯度流，以更好地适应图像重建中边界测量与介质分布之间的非线性映射关系。

3.3　VD-Net图像重建方法

3.3.1　密集连接的信息流与梯度流

随着深度学习技术的不断深入与发展，许多网络结构被用来缓解网络中信息与梯度的衰减或消失问题，如ResNet[139]，Highway Net[145]，ResNext[146]，PolyNet[147]，Stochastic Depth Net[148]，FractalNet[149]等，这些网络中采取了残差连接或短连接或特定的训练技巧，略微改善了网络性能。2017年，Huang等人提出密集连接，指出在n层密集连接的网络中存在$n(n+1)/2$个直接连接，同时构建了DenseNet并将其用于分类任务中，大大提高了分类的正确率，并总结了密集连接可缓解信息和梯度的消失问题，加强特征传播，鼓励特征重用[150]。此后，密集连接被用于不同任务的网络中，进一步验证了密集连接可以缓解信息与梯度减少或消失，提高网络性能[151]。随着密集连接的广泛使用，对密集连接的合理解释也是深度学习领域亟待解决的问题。然而，还没有文献对为什么密集连接可以缓解信息和梯度减少或消失，以及密集连接中有多少信息流和梯度流等问题进行分析与讨论。研究中从前向信息流和反向梯度流传播的角度对上述问题进行分析和解释。

无密集连接网络如图3-10（a）所示，L_i是网络的第i层，相邻两层输入与输出间的关系为

$$f_i = G_i\left(f_{i-1}\right) \tag{3-5}$$

其中，f_i为L_i的输出；f_{i-1}为L_{i-1}的输出，同时也是L_i的输入；G_i是L_i输入与输出间的非线性映射。

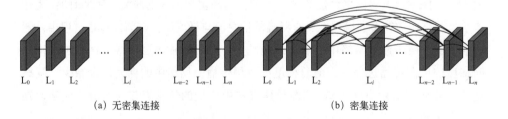

(a) 无密集连接　　　　　　　　　　　　　(b) 密集连接

图3-10　不同连接的网络

图3-10（a）中的n层网络，前向传播过程中共有n条直接连接，信息流逐层从L_0传播到L_i，即仅仅有1条信息流传播到L_i。

反向传播过程中，越靠近输出层，梯度越大，反之亦然。当某层梯度小于1，连续乘法使得靠近输入层的梯度可能消失，根据链式求导法则，仅1条梯度流从L_n逐层传播到L_i，L_n与L_i间的梯度关系为

$$
\begin{aligned}
\frac{\partial W}{\partial f_i} &= \frac{\partial W}{\partial f_n} \times \frac{\partial f_n}{\partial f_i} \\
&= \frac{\partial W}{\partial f_n} \times \left[\frac{\partial G_n}{\partial f_{n-1}} \times \frac{\partial G_{n-1}}{\partial f_{n-2}} \times \frac{\partial G_{n-2}}{\partial f_{n-3}} \times \frac{\partial G_{n-3}}{\partial f_{n-4}} \times \cdots \times \frac{\partial G_{i+2}}{\partial f_{i+1}} \times \frac{\partial G_{i+1}}{\partial f_i} \right] \\
&= \frac{\partial W}{\partial f_n} \times C
\end{aligned}
\tag{3-6}
$$

其中，C是第（$i+1$）$\sim n$层中每层非线性映射对其输入导数的连续乘积；$\partial W/\partial f_i$和$\partial W/\partial f_n$分别是损失函数对第i层、第n层输入的梯度；$\partial G_n/\partial f_{n-1}$是第$n$层的非线性映射对其输入的梯度。

图3-10（b）密集连接网络的前向传播过程中，共有a条信息流从L_0传播到L_i，是无密集连接中信息流的a倍。L_i的输入由其前面所有层的输出堆叠而成，L_i的输入与输出之间的关系为

$$
f_i = G_i([f_0, f_1, \cdots, f_{i-1}])
\tag{3-7}
$$

密集连接网络的反向传播过程中，最后一层L_n与第i层L_i之间的梯度关系为

$$
\begin{aligned}
\frac{\partial W}{\partial f_i} &= \frac{\partial W}{\partial f_n} \times \frac{\partial f_n}{\partial f_i} \\
&= \frac{\partial W}{\partial f_n} \times \left[\frac{\partial G_n}{\partial f_i} + \frac{\partial G_n}{\partial f_{n-1}} \times \frac{\partial f_{n-1}}{\partial f_i} + \frac{\partial G_n}{\partial f_{n-2}} \times \frac{\partial f_{n-2}}{\partial f_i} + \cdots + \frac{\partial G_n}{\partial f_{i+1}} \times \frac{\partial f_{i+1}}{\partial f_i} \right] \\
&= \frac{\partial W}{\partial f_n} \times \left[\begin{aligned} &\frac{\partial G_n}{\partial f_i} + \frac{\partial G_n}{\partial f_{n-1}} \times \left(\frac{\partial G_{n-1}}{\partial f_i} + \frac{\partial G_{n-1}}{\partial f_{n-2}} \times \frac{\partial f_{n-2}}{\partial f_i} + \cdots + \frac{\partial G_{n-1}}{\partial f_{i+1}} \times \frac{\partial f_{i+1}}{\partial f_i} \right) \\ &+ \frac{\partial G_n}{\partial f_{n-2}} \times \left(\frac{\partial G_{n-2}}{\partial f_i} + \frac{\partial G_{n-2}}{\partial f_{n-3}} \times \frac{\partial f_{n-3}}{\partial f_i} + \cdots + \frac{\partial G_{n-2}}{\partial f_{i+1}} \times \frac{\partial f_{i+1}}{\partial f_i} \right) + \cdots + \frac{\partial G_n}{\partial f_{i+1}} \times \frac{\partial f_{i+1}}{\partial f_i} \end{aligned} \right] \\
&= \cdots \\
&= \frac{\partial W}{\partial f_n} \times \left[\begin{aligned} &\frac{\partial G_n}{\partial f_i} + \frac{\partial G_n}{\partial f_{i+1}} \times \frac{\partial G_{i+1}}{\partial f_i} + \frac{\partial G_n}{\partial f_{i+2}} \times \frac{\partial G_{i+2}}{\partial f_i} + \cdots + \frac{\partial G_n}{\partial f_{n-2}} \times \frac{\partial G_{n-2}}{\partial f_i} + \frac{\partial G_n}{\partial f_{n-1}} \times \frac{\partial G_{n-1}}{\partial f_i} \\ &+ \frac{\partial G_n}{\partial f_{i+2}} \times \frac{\partial G_{i+2}}{\partial f_{i+1}} \times \frac{\partial G_{i+1}}{\partial f_i} + \cdots + \frac{\partial G_n}{\partial f_{n-1}} \times \frac{\partial G_{n-1}}{\partial f_{n-3}} \times \frac{\partial G_{n-3}}{\partial f_i} + \frac{\partial G_n}{\partial f_{n-1}} \times \frac{\partial G_{n-1}}{\partial f_{n-2}} \times \frac{\partial G_{n-2}}{\partial f_i} \\ &+ \cdots \\ &+ c \end{aligned} \right]
\end{aligned}
$$

$$
\tag{3-8}
$$

其中，每一项代表梯度从L_n传播到L_i的一种方式，共有c项。

c种梯度传播方式共同作用的结果构成L_i的梯度，密集连接网络中反向梯度流是无密集连接网络的c倍。从L_i传播到L_n的信息流的数量a与从L_n传播到L_i的梯度流的数量c相等，通过排列组合分析可得

$$a = c = \frac{1}{6}(n-i)^3 - \frac{1}{2}(n-i)^2 + \frac{4}{3}(n-i) \tag{3-9}$$

密集连接网络前向信息流和反向梯度流是无密集连接网络的a倍，极大地增强了信息和梯度的传播，这解释了为什么密集连接可以减缓信息和梯度消失的问题。密集连接网络训练过程中足够多的信息和梯度，可以促进网络的训练，提高学习模型的性能。此外，在图像重建模块中，特征提取过程不同空间特征的再利用，将自学习的特征信息融合到图像重建过程中，降低了图像重建问题的病态性。对信息流和梯度流的理论分析有助于更好地理解密集连接，并为密集连接在图像重建领域的实际应用提供理论支持。

3.3.2 VD-Net网络

针对V-Net图像重建方法中信息流和梯度流的稀疏性导致未能学习到较优重建模型的问题，采用密集连接改进了V-Net网络，改进后的网络称为VD-Net图像重建方法，其网络结构如图3-11所示。为了增加网络的前向信息流和反向梯度流，采用了4个密集块，使VD-Net网络得到了较充分的训练，以更好地适应边界测量

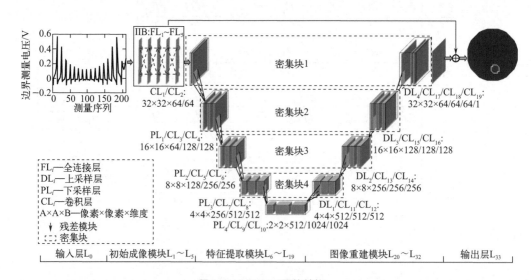

图3-11　VD-Net网络结构

与多相介质分布之间的非线性关系，提高重建图像的质量。含有208个元素的边界电压向量作为VD-Net网络的输入层，包含812个像素的预测介质分布向量是VD-Net的输出层，箭头表示信息传递方向。

VD-Net网络中特征提取模块和图像重建模块之间具有相同尺寸的特征图组合成1个密集块，共组合成了4个密集块，每个密集块中不同层之间采用密集连接，如图3-12所示。4个密集块中特征图的尺寸分别为32×32、16×16、8×8、4×4。在前向传播过程中，4个密集块中的密集连接充分融合了特征提取模块和图像重建模块之间的特征图，增加了前向信息流，支持了特征的重用，挖掘了该图像重建网络的潜能。在反向传播过程中，密集连接也增加了梯度流，缓解了梯度衰减和梯度消失。利用密集的信息流和梯度流，可进一步优化VD-Net网络，使学习到的重建模型能更适应图像重建的非线性问题。

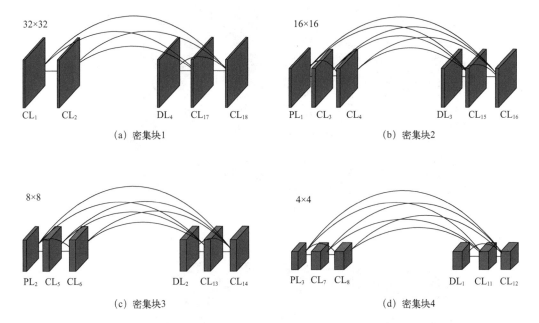

图3-12　不同密集块中的密集连接

VD-Net图像重建方法采用与V-Net图像重建方法一样的损失函数监督与约束网络的训练过程。两个网络设置的超参数也相同，在损失函数梯度的反向传播过程中，根据链式求导规则，采用指数衰减的学习速率和小批量动量梯度下降算法来训练网络，更新VD-Net网络中的可学习参数。

3.3.3　VD-Net网络抗噪性测试

为了测试在无噪声训练集训练的VD-Net网络的抗噪性能，将原测试集分割为测试集1和测试集2，其中，测试集1是由原测试集中2251个单、双内含物分布样本构成的简单分布测试集，测试集2是由原测试集中三个、四个内含物的1862个样本构成的复杂分布测试集，同时在测试集1和测试集2中分别添加信噪比为20～60 dB的高斯白噪声，进行抗噪性测试。VD-Net网络分别在不同噪声水平的测试集1和测试集2中进行不同噪声适应性的测试，其中不同尺寸、不同位置、不同数量气泡的样本重建结果如图3-13所示。

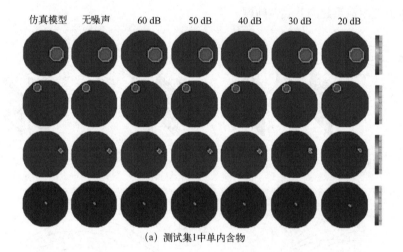

(a) 测试集1中单内含物

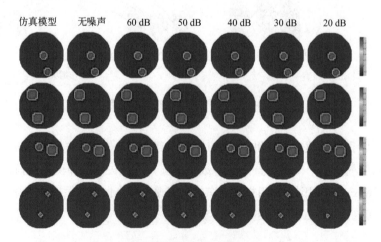

(b) 测试集1中双内含物

层析成像深度学习图像重建技术：电阻及电阻／超声双模态融合

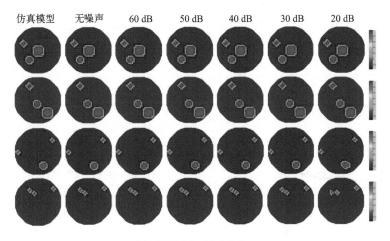

（c）测试集2中三个内含物

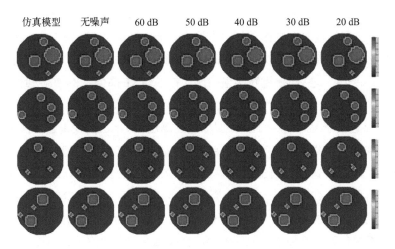

（d）测试集2中四个内含物

图3-13　不同噪声测试的重建图像

图3-13的重建结果中，多数分布的重建图像没有伪影，边界清晰，接近仿真模型分布，当噪声增大到信噪比为30 dB时，个别小尺寸气泡分布的重建图像会发生畸变，主要原因是当噪声比较大时，影响小尺寸气泡重建的边界电压对噪声比较敏感。

为了定量分析VD-Net图像重建方法在不同噪声测试集的重建结果，将其与V-Net网络、CNN[98]两种方法进行比较，图3-14显示了不同噪声测试集中不同图像重建方法成像结果的平均RE和平均CC。

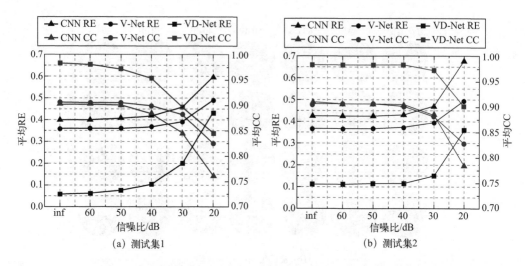

图3-14 不同噪声测试集中不同方法重建图像的平均RE和平均CC

　　为了突出密集连接对图像重建网络抗噪性能的影响，侧重将VD-Net与V-Net网络进行比较。在无噪声情况下，VD-Net图像重建算法在测试集1中重建图像的平均RE为5.85%，与V-Net重建结果相比，其平均RE降低了83.7%，此外，V-Net重建结果的平均RE小于CNN[98]网络重建结果。VD-Net方法重建图像的平均CC为98.27%，远高于V-Net和CNN[98]图像重建算法。V-Net图像重建方法中稀疏的信息流和梯度流使得网络中信息和梯度在传播过程中减小，同时可能出现信息或梯度消失问题，这些原因造成其重建图像的质量低于VD-Net网络。V-Net网络的重建结果优于CNN[98]，主要原因是V-Net网络层数多于CNN[98]网络，具有更好的非线性处理能力。而VD-Net图像重建方法中的前向信息流和反向梯度流在密集连接的帮助下增加了，使训练后的图像重建模型更好地适应图像重建的非线性。

　　随着噪声的逐渐增大，VD-Net网络重建结果的平均RE和平均CC在3种深度学习图像重建算法中是最优的。测试集2的结果与测试集1的测试结果相似。定量分析结果表明，当存在不同程度的高斯白噪声时，VD-Net方法能够准确地重建介质分布，主要原因可能是添加密集连接的VD-Net网络提高了边界测量与介质分布之间的非线性适应性与抗噪性能。

3.4 仿真和实验测试结果与分析

3.4.1 不同重建方法的对比

为了测试不同图像重建方法的实用性，本章采用自己开发的16电极ERT测试系统进行了不同离散分布模型的重建实验，实验系统如图3-15所示。ERT系统由电极阵列、数据采集与处理单元和图像重建与显示单元构成。电极阵列中电极的高、长、宽分别为30 mm、10 mm、1 mm。数据采集与处理单元中采用转换速度为1 MHz、分辨率为14位、输入电压范围为±10 V的AD转换器进行信息采集。激励电流频率为50 kHz，系统信噪比为60~70 dB，每秒获得625帧截面信息[144]。实验中ERT传感器中背景介质为水，圆形场域内径为125 mm，直径为20 mm和30 mm的不导电物体作为离散相介质，通过改变不导电介质的位置、大小和数量进行不同分布模型的实验设置。

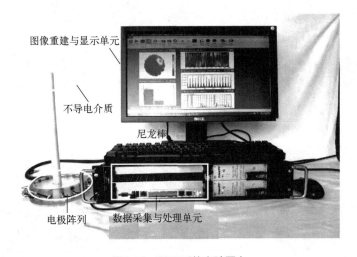

图3-15 ERT系统实验平台

实验中将VD-Net网络成像结果与数据驱动的V-Net、CNN[98]方法以及生物医学、工业成像中广泛使用的经典图像重建算法TV[44]和TR[45]的重建结果进行比较，如图3-16所示，其中，不同算法的参数均选择为最优参数。不同重建方法的实验重建精度低于对应的仿真重建精度。其中，TV和TR方法重建图像的边界太光滑，伪影严重；卷积神经网络图像重建方法重建的图像无伪影，边界清晰；同时V-Net和VD-Net网络重建图像具有较高保真度，且VD-Net网络重建结果更接近场域中仿真模型分布或实验模型分布。

为了进一步提高VD-Net网络的实用性和泛化性，采用样本数量为111027的增广训练集进行训练，其中无噪声样本与噪声样本数量之比为1:2，噪声样本是在无噪声样本库中添加信噪比为20～60 dB的高斯白噪声而产生的，为了保证增广训练集中样本的均衡性，不同噪声水平的样本量大致相等。在该增广的样本集中所学习的模型简称为VDN-Net图像重建方法，图3-16中的重建结果表明VDN-Net网络的重建图像优于VD-Net网络。

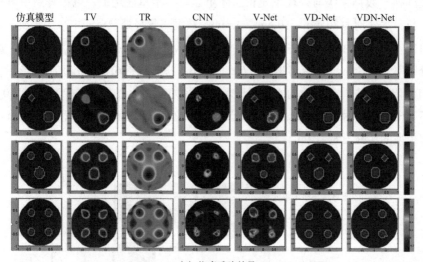

(a) 仿真重建结果

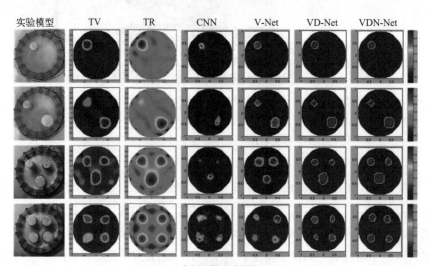

(b) 实验重建结果

图3-16 不同图像重建方法的重建结果

为了定量分析不同重建方法重建图像的质量，计算了图3-16中所有图像重建算法在不同的实验与仿真测试中重建图像的RE和CC，计算结果如图3-17所示。当介质分布比较简单时，CNN[98]网络方法优于TV和TR图像重建方法。然而，当处理更复杂的分布时，CNN[98]网络的性能略低于TV和TR方法。V-Net、VD-Net

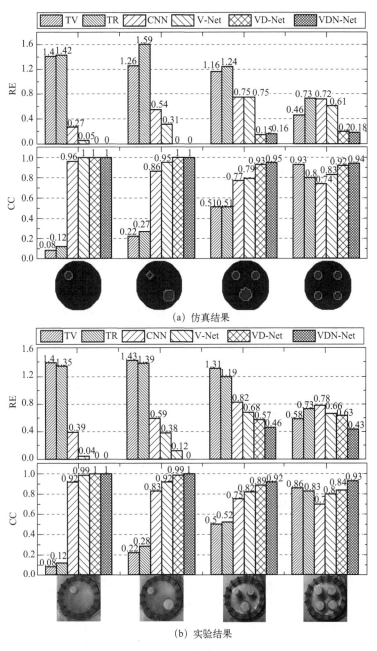

图3-17　不同图像重建方法重建结果的RE和CC

和VDN-Net的重建结果明显优于其他重建方法，同时，VD-Net和VDN-Net网络重建结果的性能指标均优于V-Net网络，平均RE分别降低了25%、49%，平均CC分别提高了5%、9%。主要原因是VD-Net和VDN-Net网络中采集了4个密集块，增加了网络中的信息流与梯度流，促进了网络向更优模型训练，使其学习到更能适应图像重建非线性的重建模型。此外，VDN-Net网络重建图像的质量优于VD-Net网络，该结果表明，在有高斯白噪声样本集中学习的图像重建方法比在无噪声样本集中学习的图像重建方法具有更好的泛化性和实用性。

研究中深度学习图像重建方法都是基于Tensorflow环境和NVIDIA TITAN XP显卡加速训练。所有图像重建算法的实验模型重建过程都采用以下处理器实现：Intel®Core™i5-6500cpu@3.20GHz。不同成像方法在测试集1中的平均成像时间和深度学习图像重建方法的训练时间如表3-3所示。VD-Net网络的训练时间和平均成像时间最长，主要原因是VD-Net网络在V-Net结构基础上添加了密集连接，网络训练过程中，VD-Net网络增加了很多前向信息流和反向梯度流，使其训练时间大于V-Net网络，网络测试过程中，VD-Net网络增加了很多前向信息流，使其测试时间大于V-Net网络。CNN[98]网络结构最简单，因此所需训练时间和成像时间最少。综合比较，这些算法的平均成像时间在毫秒级，但VD-Net网络与其他重建算法相比，其成像质量提升了，为了追求高质量的重建图像，VD-Net网络的额外计算时间可以忽略。因此，从成像时间和成像质量两方面考虑，VD-Net网络为多相介质的图像重建提供了可能的解决方案。

表3-3　不同方法的平均成像时间与训练时间

成像方法	TV	TR	CNN[98]	V-Net	VD-Net
平均时间/ms	12.5	1.5	7.8	13.4	16.1
训练时间/h	—	—	6	8	14.5

3.4.2　移动模型实验测试

离散介质分布的实验验证了VD-Net图像重建网络获得了比常用图像重建方法及V-Net图像重建网络更优的重建结果。研究中为了进一步验证VD-Net图像重建网络的泛化性和鲁棒性，设计了一系列离散介质移动模型实验。移动实验在图3-15所示的ERT实验系统中进行。实验过程中，将与被测场中心距离相等，不同直径、不同个数的不导电介质绕被测场中心移动一周，并采集不导电介质在每一个位置的边界测量电压，同时采用VD-Net网络重建对应位置的介质分布图像，所有位置的重建图像按照时间顺序堆叠在一起，不同移动模型的图像重建结果如图3-18所示。

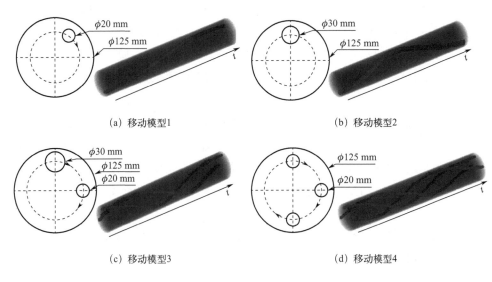

(a) 移动模型1   (b) 移动模型2

(c) 移动模型3   (d) 移动模型4

图3-18　移动模型实验重建图像

图3-18（a）和（b）分别是直径为20 mm和30 mm的不导电介质按照虚线圆周旋转一周时的实验结果，图3-18（c）是直径为20 mm和30 mm的2个不导电介质按照虚线圆周同步旋转一周时的实验结果，图3-18（d）为3个直径为20 mm的不导电介质按照虚线圆周同时旋转一周时的实验结果。移动实验过程中，相邻时间点所在空间位置的介质分布会受到背景介质水波动的影响，而4个移动模型实验的重建图像具有较好的一致性，都能重现离散介质的动态移动过程，同时对不同大小的离散介质都能清晰重建。移动模型实验重建结果表明：VD-Net图像重建算法对不同直径和不同个数的不导电介质的动态实验具有良好的泛化能力和鲁棒性。

3.4.3　空间分辨率实验测试

影响ERT重建图像分辨率的因素很多，如ERT传感器阵列的选择、数据采集与处理单元等系统硬件与图像重建算法等。ERT传感器阵列的选择需要考虑被测场域的尺寸、敏感场优化等；采集数据的有效性主要受元器件的影响，而电子元器件的更新换代过程比较慢；反问题网格剖分的最小尺寸与图像重建方法自身重建质量的限制使现有图像重建方法的空间分辨率存在瓶颈值。综上所述，由于ERT硬件系统与图像重建算法多方面因素的限制，目前能达到的重建图像空间分辨率为10%～15%，研究人员一直在寻找能突破现有分辨率的重建方法[152]。

为了测试 VD-Net 图像重建方法的分辨率，在图 3-15 所示的 ERT 测试系统中进行了一系列小尺寸不导电介质在场域中不同位置的重建实验。实验过程中分别采用直径为 5 mm（管道直径的 4%）、6 mm（管道直径的 4.8%）及 8 mm（管道直径的 6.4%）的不导电介质沿着箭头指示的方向从被测场域边缘向中心移动，每次移动 5 mm，共移动 12 次，不同小尺寸介质在不同位置的重建结果如图 3-19 所示。

TV 算法是为数不多可重建小尺寸介质的重建方法之一，其重建图像的尺寸比实验模型真实尺寸大，平均误差也比较大，传感器中心附近的重建伪影更严重，该算法重建小尺寸介质分布时，仅仅可用于定量分析而不能准确重建小尺寸介质的大小、位置和形状。与 TV 算法相比，VD-Net 方法得到了小尺寸介质在被测场域中不同位置的高精度图像，平均误差为 6%。小尺寸介质重建实验结果表明：VD-Net 网络对小尺寸介质的位置和大小都能准确重建，主要原因是训练集中有小气泡样本，VD-Net 网络训练过程中学习到了小尺寸介质的特征，使 VD-Net 网络能够高精度地重建小尺寸介质分布。

图像重建中采用 32×32 的网格剖分模型，被测场内径为 125 mm，计算出可重建的最小尺寸为 3.9 mm，因此，由反问题网格限制的分辨率为 3.12%。此外，考虑到实验系统、测试环境等因素对重建图像的影响，分辨率一定大于 3.12%。由于系统噪声的影响，采用 VD-Net 图像重建方法重建更小尺寸介质的实验比较困难，同时重复实验很难得到一致的结果，因此很难获得该方法分辨率的准确值。小尺寸介质重建实验的结果及分析表明，采用图 3-15 所示的 ERT 测试系统，VD-Net 网络的真实分辨率在 3.12%～4% 之间。

综上所述，由于训练集中有大量小尺寸样本，VD-Net 方法具有对小尺寸介质图像重建的非线性映射能力，在自己开发的 16 电极 ERT 实验系统中测试，VD-Net 图像重建方法的空间分辨率（3.12%～4%）比现有图像重建方法的空间分辨率（10%～15%）更好。

3.4.4 分层分布动态实验测试

为了测试由离散气泡分布确定的 VD-Net 重建方法是否适合于其他介质分布的图像重建。研究中采用气水分层分布的仿真数据训练 VD-Net 图像重建网络，将训练好的 VD-Net 模型在动态实验测试系统中进行气水分层流重建实验。由于工业动态过程中产生的其他介质分布很难准确仿真并创建样本库，因此，研究中只针对可以创建仿真样本库的分层流进行动态实验验证。

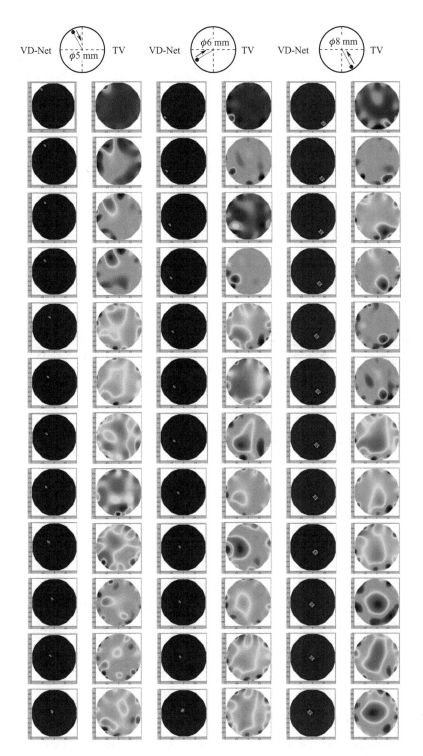

图3-19 VD-Net重建方法小尺寸介质重建结果

为了使气水分层分布的样本更接近真实的分层流动状态，研究中在分层分布仿真样本库中等量地加入5～60 dB的高斯白噪声，扩增后样本库由无噪声样本与有噪声样本共同构成，将训练样本量扩充至原来的13倍，即104000组样本。采用此有噪声的分层分布训练集训练VD-Net图像重建网络，训练后的模型在分层分布的动态实验中验证VD-Net网络的实用性与有效性。

水平管气水两相流的层状流分布重建实验在天津大学多相流实验装置上完成，实验装置如图3-20所示。实验中采用密度为998 kg/m³、压力为0.2 MPa的自来水和密度为1.2 kg/m³、压力为0.4 MPa的干燥空气，实验环境平均温度为24℃。实验装置的流体输送管道为不锈钢管，内径为50 mm，流体入口与出口间的距离约为16.6 m，为便于流型的充分发展，ERT传感器安装于距离入口约12 m的管道处。实验中，气相和水相通过T形混合器实现两相混合，在两相混合之前安装单相流量计，通过气水两相流的不同流量配比产生不同流型，其中气水分层流为测试对象。

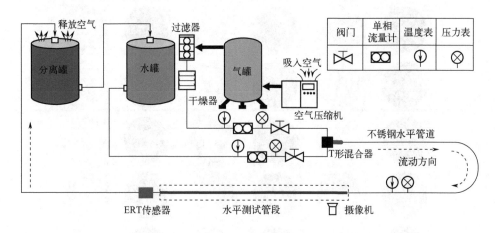

图3-20　动态实验装置

气水分层流动态实验中，水的表观流量设置为2.01 m³/h，标况（0℃，1个大气压）下空气的表观流量设置为18.07 m³/h，气水两相流的表观平均流速为2.18 m/s。采用摄像机拍摄此工况中产生的分层流，如图3-21所示，为获取气水混合流体的完整流动特征，测试过程持续20 s。

采用分层分布仿真训练集训练后的VD-Net网络模型进行动态实验测试，将其中1 s的动态实验数据重建结果按照时间序列在空间堆叠，构成的成像结果如图3-22所示。VD-Net方法重建的流动分层分布结果与摄像机拍摄到的实验分层流高度一致。动态分层分布重建实验定性地验证了采用离散气泡分布确定的VD-Net图像重建网络可以有效地监测气水两相流中的分层流。

层析成像深度学习图像重建技术：电阻及电阻／超声双模态融合

图3-21　水平气水分层流

图3-22　VD-Net网络水平分层流重建结果

3.5　本章小结

　　针对现有的ERT图像重建方法都是基于近似的线性模型或基于假设的非线性重建模型，不能反映ERT图像重建的非线性本质，造成重建图像的质量低而应用受限的问题，本章提出了能够学习边界测量与介质分布之间非线性关系的V-Net图像重建方法，由初始成像、特征提取与图像重建3个过程实现，仿真与实验验证了V-Net网络用于ERT图像重建的可行性。然而，V-Net重建方法中信息流与梯度流的稀疏性，使V-Net网络未能训练到较优模型而影响成像质量。针对此问题，采用密集连接对V-Net网络进行改进，提出添加4个密集块的VD-Net网络，增大了V-Net网络中的信息流与梯度流，促进重建网络的进一步优化学习，使其更好地适应图像重建的非线性。离散介质分布的仿真和实验结果表明，与V-Net网络相比，VD-Net重建网络的重建质量有明显提升，同时空间分辨率优于现有图像重建方法。分层介质分布的动态实验证明了VD-Net重建网络的实用性与有效性。

第4章

Landweber深度学习图像重建方法

为了解决 Landweber 迭代图像重建算法中超参数与图像先验信息选择问题，本章将 Landweber 迭代重建方法与深度学习两种方法相结合，实现模型驱动的 Landweber 迭代图像重建网络，联合学习与训练网络中的超参数与图像先验信息，提高重建图像的质量。

4.1 Landweber 深度学习图像重建模型

Landweber 迭代方法作为最经典的图像重建方法之一，具有良好的抗噪性，兼顾了成像速度和成像精度，广泛应用于多相介质分布重建的相关领域。采用最小二乘法建立目标函数的 Landweber 迭代图像重建方法是一个病态的线性模型，此模型的解不唯一，求解过程中，通常会添加正则化项 $R(x)$ 扩展最小二乘方程，一方面防止过拟合，另一方面会缓解图像重建的病态性。添加正则化项的优化目标如方程 (2-18)，优化求解过程中，依靠控制参数 β、λ 平衡数据保真项与正则化项。给定初始成像分布，Landweber 迭代正则化图像重建方法的数学模型为[153]

$$x^i = x^{i-1} - \beta A^{\mathrm{T}}\left(Ax^{i-1} - y\right) - \lambda R(x) \tag{4-1}$$

其中，x^i 是第 i 步的迭代结果；x^{i-1} 是第 $i-1$ 步的迭代结果；y 为边界测量信息；β 为松弛因子；λ 为正则化系数；$R(x)$ 为正则化项。

如何选择超参数和图像先验信息，特别是如何开发一种能自学习超参数与图像先验信息的方法，一直是 Landweber 迭代图像重建方法研究中被持续关注的重要问题。数据驱动图像重建方法在非线性建模中表现出了优势，然而，数据驱动模型严重依赖于不完备的数据库，使得训练后的模型难以适应数据库之外的某些数据。因此，在自学习 Landweber 迭代重建方法中超参数与图像先验信息的驱动下与迫切解决数据驱动重建模型严重依赖不完备数据库问题的需求下，从模型驱动角度出发，将 Landweber 迭代重建方法与深度学习相融合，提高图像重建质量，一方面解决 Landweber 迭代重建方法中松弛因子、正则化系数及图像先验信息等参数的选择问题，另一方面也缓解了数据驱动图像重建网络对不完备数据的依赖性。

从代数运算的角度分析，Landweber 迭代重建方法和深度学习都属于迭代方法，这为两种方法的融合提供了技术支撑。融合迭代重建过程中，用深度学习中可学习的参数与过程，代替 Landweber 迭代重建方法中的松弛因子 β、正则化系

层析成像深度学习图像重建技术：电阻及电阻／超声双模态融合

数λ及正则化项$R(\boldsymbol{x})$，以解决Landweber迭代重建中超参数与先验信息的选择问题。Landweber迭代重建方法求解过程中，通过常量β控制数据保真项，数据保真项不同局部的控制量相同，研究中采用全连接层学习时，可将常数β扩展成一个常向量$\boldsymbol{\beta}'$（1×812），数据保真项的不同局部信息由不同的松弛系数控制。$R(\boldsymbol{x})$是Landweber迭代重建方法中人工提取的先验信息，研究中可采用善于挖掘与提取特征的卷积神经网络通过自学习获取。Landweber迭代重建方法中的λ是$R(\boldsymbol{x})$的系数，在融合的模型中，λ和卷积神经网络中可学习的先验信息本质上都是参数，因此可糅合到一起学习。综上所述，Landweber迭代方法与深度学习融合的图像重建方法也是一种迭代方法，其每一步迭代模型由三个部分组成，分别受启发于方程（4-1）Landweber迭代正则化重建方法中的三项，融合后的第i步迭代数学模型为

$$
\begin{cases}
\boldsymbol{x}^i = \boldsymbol{x}^{i-1} - S(\boldsymbol{x}) - T(\mathrm{CNN}) \\
S(\boldsymbol{x}) = \boldsymbol{\beta}'\boldsymbol{A}^{\mathrm{T}}\left(\boldsymbol{A}\boldsymbol{x}^{i-1} - \boldsymbol{y}\right) \\
T(\mathrm{CNN}) = \lambda R(\boldsymbol{x})
\end{cases}
\tag{4-2}
$$

其中，$\boldsymbol{x}^i$、$\boldsymbol{x}^{i-1}$分别是第i、$i-1$步的迭代重建结果；可训练函数$S(\boldsymbol{x})$是方程（4-1）中数据保真项$\boldsymbol{\beta}\boldsymbol{A}^{\mathrm{T}}\left(\boldsymbol{A}\boldsymbol{x}^{i-1} - \boldsymbol{y}\right)$在深度学习方法中的表示；$\boldsymbol{\beta}'$是由1层全连接子网络学习的松弛向量，全连接层中神经元的个数由$\boldsymbol{A}^{\mathrm{T}}\left(\boldsymbol{A}\boldsymbol{x}^{i-1} - \boldsymbol{y}\right)$中元素个数（812）唯一确定；$T(\mathrm{CNN})$是由卷积网络子网络学习的图像先验信息。

正则化系数λ没有体现在先验信息中，是因为它隐藏在卷积子网络的卷积核中。自学习的先验信息$T(\mathrm{CNN})$替换了方程（4-1）中人工提取的先验信息$\lambda R(\boldsymbol{x})$。$T(\mathrm{CNN})$由卷积层与反卷积层堆叠而成，其中卷积层的卷积运算与ReLU非线性运算之间添加BN层，防止过拟合的同时提高了收敛速度。

4.2　Landweber迭代重建网络

4.2.1　重建网络的训练

Landweber迭代方法与深度学习融合的图像重建模型中，松弛向量$\boldsymbol{\beta}'$通过1层全连接来学习，而卷积子网络$T(\mathrm{CNN})$中卷积层与反卷积层数量的确定需要采用

合适的训练方法，通过实验分析不同层数对重建质量的影响。

合适的损失函数是深度学习网络训练成功的重要因素之一，融合网络的损失函数 $W(x,w)$ 为

$$\begin{cases} W(x,w) = d(x) + \lambda R(w) \\ R(w) = \|w\|_2 \end{cases} \tag{4-3}$$

其中，$d(x)$ 是融合网络预测的介质分布像素向量 $\hat{x}$ 与仿真模型分布像素向量 x 之间的交叉熵，其计算过程如方程（3-3）所示；正则化约束项 $R(w)$ 是权重 w 的二范数；λ 是 $R(w)$ 的系数。

式（4-3）中，λ 非常小时 $R(w)$ 的作用可以忽略，训练过程中 λ 的初始值设置为 1，然后根据早停策略逐步调整 λ 的数量级，进一步细化到 0.001。

两种方法融合的图像重建网络训练过程如图 4-1 所示，传感器的边界测量信息、灵敏度矩阵和初始图像是该网络的输入，信息前向传播过程中，信息流通过网络逐层处理，最终输出预测的介质分布，损失函数计算预测介质分布和仿真模型分布之间的误差，采用动量随机梯度下降算法优化损失函数，损失函数的梯度通过反向传播逐层更新网络的所有参数，重复这个过程，直到融合网络损失函数的值稳定。在训练结束时，学习到的参数可以确定融合网络模型。训练后的融合网络只需输入初始图像、灵敏度矩阵和测试样本的边界测量值，便可通过网络输出获得对应的介质分布向量。

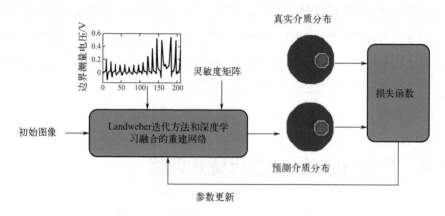

图4-1 Landweber方法和深度学习融合重建网络的训练过程

在实际应用中，LBP图像重建方法由于其重建速度较快而常常被用于实时在线成像。然而，在定性观察LBP方法重建的多相介质分布图像时，重建结果存在失

层析成像深度学习图像重建技术：电阻及电阻 / 超声双模态融合

真，不能满足定量分析的需要，基于此原因，许多迭代图像重建算法通常采用LBP方法重建的图像作为初始解来求解图像重建问题。因此，为了快速成像，研究中也采用LBP方法重建的图像作为初始图像，成为融合网络的一个输入。灵敏度矩阵是网络的另一个输入，也被称为灵敏度图，它是通过将成像区域剖分为小网格，每个网格中心代表该小区域的像素，可通过确定每对电极的电压因每个像素中的电导率常数的小扰动而发生的变化来构建灵敏度矩阵。

两种方法融合的网络中，超参数是影响图像重建方法成像精度、泛化性和收敛性的重要因素，因此超参数的选择非常重要。采用经验早期停止策略通过观察实时损失值的变化以及一段时间内损失曲线的变化来调整超参数。网络训练过程中，批量大小为200，训练周期为200，动量系数为0.9，学习率按照指数衰减，初始学习率为0.001，学习衰减率为0.99，网络中权重和偏差采用均值与偏差分别为0和0.01的随机值进行随机初始化。

4.2.2　重建网络结构的选择

深度学习和Landweber迭代图像重建方法融合的模型驱动图像重建网络，与其他数据驱动的图像重建网络相比，既有相同之处也有不同之处。不同之处在于数据驱动的图像重建网络是根据研究者的经验设计，没有理论模型指导。而融合图像重建网络是一个在Landweber迭代图像重建方法指导下建立的模型驱动图像重建网络。换言之，构成模型驱动融合图像重建网络的全连接子网络、卷积子网络及前一步重建结果三个部分是受Landweber迭代重建方法中三个主要部分的启发而设计。因此，融合网络的结构受到Landweber迭代重建方法的限制，网络中的三个组成部分是必要的。

模型驱动融合重建方法与数据驱动重建方法的相同之处在于一些与网络结构相关的关键参数需要通过实验来确定，如卷积子网络中卷积层的数量l、反卷积层的数量v及融合网络的总层数n（即模型中的总迭代步数）。为了确定网络中l、v、n三个参数，设计了一系列的仿真对比实验，对于不同测试模型重建测试集中的不同样本分布，其重建结果的平均RE和平均CC见表4-1。

表4-1　Landweber迭代方法与深度学习融合的不同模型的平均RE和平均CC

融合的网络模型	平均RE	平均CC
模型1（l=1，v=1，n=4）	0.402	0.853
模型2（l=2，v=2，n=4）	**0.230**	**0.954**

融合的网络模型	平均RE	平均CC
模型3 (l=3, v=3, n=4)	0.229	0.957
模型4 (l=4, v=4, n=4)	0.231	0.952
模型5 (l=2, v=2, n=3)	0.271	0.928
模型6 (l=2, v=2, n=5)	0.229	0.95
模型7 (l=2, v=2, n=6)	0.233	0.953

表4-1中，前四个模型实验中保持n不变，l和v逐渐增大；后三个模型保持l和v不变，n变化。由于模型1的网络结构较简单，其重建质量最差。其他模型的重建精度差不多，模型越复杂，图像重建时间越长。考虑到模型的复杂度、成像时间以及成像精度，选择模型2作为最优解模型。

4.2.3　重建网络构建结果

将Landweber迭代重建方法和深度学习融合的较优模型2称为Landweber迭代重建网络（Landweber Iterative Reconstruction Network，LIRN）。式（4-2）中每一步迭代运算展开成LIRN网络的一层，以此类推，具有n步迭代的LIRN数学模型可展开成n层的网络，每一层具有相同的网络结构，第i层的结构如图4-2所示。

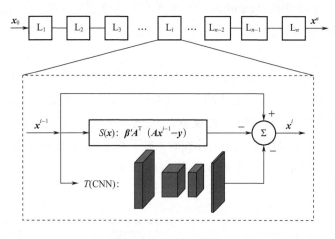

图4-2　LIRN网络结构

图4-2中，LIRN网络的第i层由3部分构成：第$i-1$层的输出x^{i-1}、全连接子网

络 $S(x)$ 以及卷积子网络 $T(\text{CNN})$。同时，前一层重建结果 x^{i-1} 直接连接到其他两个子网络的输出，构成残差网络。在 LIRN 网络训练过程中，固定层数 n 的 LIRN 图像重建方法的优化目标是联合训练与学习 β' 和 $T(\text{CNN})$ 中的卷积核。

全连接子网络 $S(x)$ 的结构如图 4-3 所示，其由 1 层全连接神经网络构成。其中，x_0、A、y 是全连接子网络的输入，数据保真项 $A^{\mathrm{T}}\left(Ax^{i-1}-y\right)$ 的运算结果是一个列向量，每一个元素与全连接子网络中的神经元一一对应，$S(x)$ 中共有 812 个神经元，β' 是全连接子网络中可学习的参数，非线性激活函数 ReLU 操作之前采用批量归一化方法 BN 层归一化线性运算 $\beta'A^{\mathrm{T}}\left(Ax^{i-1}-y\right)$ 的结果，最大限度地保证每次正向传播都输出在同一分布上，解决网络中漂移协变量转移问题，提高收敛速度并防止过拟合。

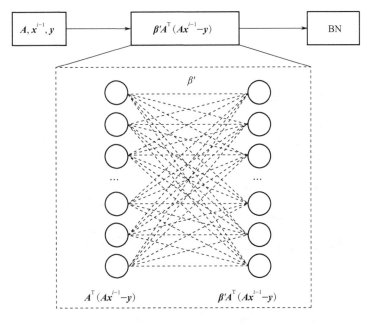

图4-3 全连接子网络的结构

卷积子网络 $T(\text{CNN})$ 由一个 4 层的卷积神经网络构成，其结构如图 4-4 所示。LIRN 网络中第 $i-1$ 层的输出 x^{i-1} 是第 i 层卷积子网络的输入。卷积子网络中有 2 个卷积层和 2 个反卷积层，每个卷积层中包含 1 个卷积核为 3×3 的卷积层，卷积层中非线性激活函数之前采用 BN 层归一化卷积运算的结果。2 个卷积层输出特征图的维度分别为 256 和 512。卷积核为 3×3 的 2 个反卷积层输出特征图个数分别为 256 和 1，卷积层与反卷积层都采用 ReLU 激活函数。

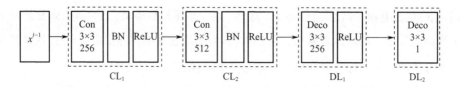

图4-4 卷积子网络的结构

BN—批量归一化；ReLU—非线性激活函数；CL—卷积层；Con—卷积运算；
Deco—反卷积运算；DL—反卷积层

4.2.4 重建网络抗噪性测试

为了测试LIRN重建网络的抗噪能力，设计了仿真测试实验。实验过程中将原测试集中不同个数内含物的样本分开测试，同时不同内含物个数的测试集中分别添加信噪比为20~60 dB的高斯白噪声扩增测试集。对于不同信噪比、不同内含物个数的测试样本，采用LIRN图像重建网络的重建结果如图4-5所示。

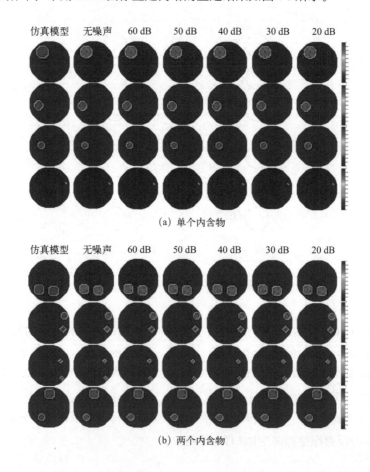

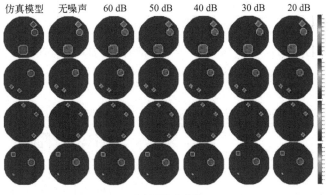

（c）三个内含物

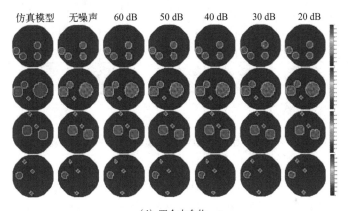

（d）四个内含物

图4-5 不同信噪比水平的重建结果

图4-5中，随着噪声的增大，对于不同个数、位置、尺寸气泡的样本，采用LIRN图像重建方法重建的离散内含物分布与实际仿真设置的内含物的个数、位置、尺寸几乎相同。添加了噪声测试集的重建结果表明该方法能真实地重建被测场域中多相介质的图像，具有一定的抗噪性。

为了定量分析LIRN网络在不同噪声测试集中重建图像的质量，计算了不同噪声、不同气泡个数分布重建图像的平均RE，如图4-6（a）所示。随着噪声的增加，同一分布重建图像的平均RE越来越大；当信噪比大于40 dB时，同一噪声级的分布越复杂，平均RE越大；但当信噪比等于或小于40 dB时，同一噪声级的分布越复杂，平均RE反而降低了。同时，计算了不同噪声测试集中不同气泡个数分布的平均CC，如图4-6（b）所示。随着噪声的增加，相同分布重建图像的平均CC逐渐减小；当信噪比大于40 dB，同一噪声水平下，不同分布重建图像的平均CC没有明显变化；但当信噪比等于或小于40 dB时，同一噪声水平下，随着分布变得复杂，重建图像的平均CC值反而增大了。结合图3-14分析可知，模型驱动的LIRN网络与数据驱动的VD-Net网络相比，随着噪声的增加，前者在抗噪性方面表现出了明显的优势。

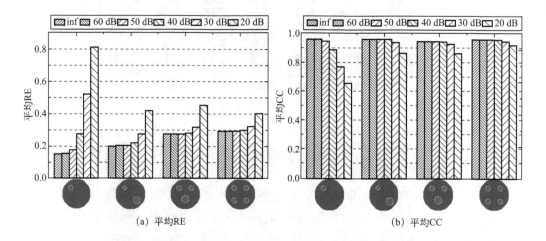

图4-6 不同信噪比测试集中LIRN重建图像的平均RE和平均CC

为了进一步定量地分析LIRN重建方法对不同噪声的敏感性，分别定义了在相邻信噪比区间测试集重建图像相对误差的绝对变化（Absolute Change of Relative Error，ACRE）和相关系数的绝对变化（Absolute Change of Correlation Coefficient，ACCC）。

$$ACRE = \left| RE_a - RE_b \right| \tag{4-4}$$

$$ACCC = \left| CC_a - CC_b \right| \tag{4-5}$$

其中，RE_a和RE_b分别代表两个相邻SNR值的平均RE，CC_a和CC_b分别代表两个相邻SNR值的平均CC。

相邻信噪比区间的ACRE和ACCC分别如图4-7（a）和图4-7（b）所示，同一气泡个数分布的重建图像随着噪声的增加，ACRE和ACCC的值越来越大，对噪声变化的敏感度越来越高；同一信噪比区间，分布越复杂，重建图像的ACRE和ACCC越小，对噪声变化的敏感性越低。以上结果表明，在无噪声训练集中训练的LIRN方法具有良好的抗噪声性能，同时对于较大高斯白噪声复杂分布的重建，LIRN图像重建网络可能更为实用。

层析成像深度学习图像重建技术：电阻及电阻／超声双模态融合

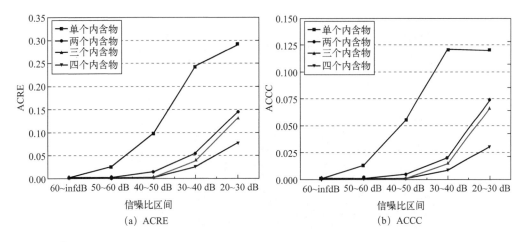

图4-7 LIRN重建图像的ACRE和ACCC

4.2.5 重建网络不同电导率对比度测试

为了测试LIRN网络对不同电导率介质分布的泛化性能，进行了大量的仿真测试，并定义电导率对比度如下：

$$\delta = \frac{\sigma_w}{\sigma_g} \tag{4-6}$$

其中，σ_w、σ_g分别是水和内含物的电导率。

仿真测试过程中，保持水的电导率0.06 S/m不变，圆形内含物的电导率发生变化，分别设置为0.00006 S/m、0.0006 S/m、0.006 S/m、0.012 S/m、0.03 S/m，对应的电导率对比度分别为1000、100、10、5、2。

不同电导率对比度测试样本的重建结果如图4-8所示，当内含物的电导率越小，测试样本电导率对比度越接近训练集样本电导率对比度，重建性能越好，越能够准确反映不同电导率仿真模型分布；当内含物的电导率越大，测试样本电导率对比度与训练集中样本电导率对比度相差越远，重建性能越差，尤其是当电导率对比度降至2时，重建结果只能估计出内含物的位置，很难准确估计内含物的尺寸。不同电导率对比度测试结果表明：虽然LIRN网络是在电导率对比度为1×10^{10}的训练集中进行训练与学习的，但能适应一定范围内离散介质电导率的变化，具有良好的泛化性。

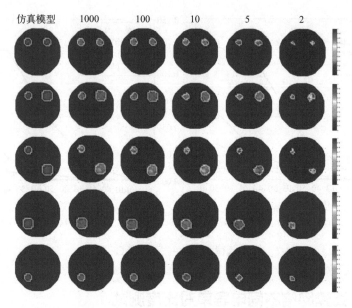

图4-8 不同电导率对比度的LIRN重建图像

4.3 实验结果与分析

4.3.1 离散泡状分布实验测试

采用图3-15所示的ERT系统进行了离散介质分布的重建实验，验证LIRN重建方法的有效性与实用性，如图4-9所示，背景介质为水，采用不导电介质模拟离散相，设计了4种不同分布的实验模型。将LIRN网络的重建结果与不同迭代步数的LIRM[33]、TV[44]、TR[45]以及数据驱动图像重建网络V-Net与VD-Net的重建结果进行比较。

LIRM重建的图像中被测介质与背景介质之间存在过渡区域，使被测介质边缘模糊；100步LIRM（LIRM100）方法的重建图像优于4步LIRM（LIRM4）方法。LIRM在几百步迭代中通常能达到较好的重建效果，这与其他文献[154]的结论是一致的。TR和TV两种方法重建图像边界光滑，伪影严重。深度学习图像重建方法重建的图像没有过渡区域，同时图像边界清晰。对于简单分布（单个内含物和两个内含物）重建图像的质量，LIRN方法介于V-Net和VD-Net网络之间，而对于复杂分布（三个内含物和四个内含物）的重建图像，LIRN方法比V-Net和VD-Net网络具有更好的重建质量。

层析成像深度学习图像重建技术：电阻及电阻／超声双模态融合

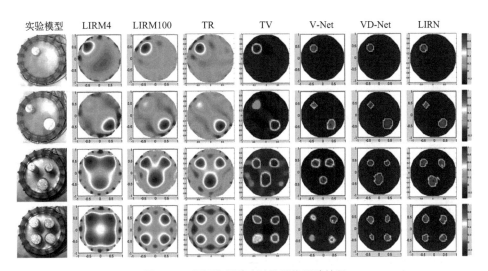

<table>
<tr><td>实验模型</td><td>LIRM4</td><td>LIRM100</td><td>TR</td><td>TV</td><td>V-Net</td><td>VD-Net</td><td>LIRN</td></tr>
</table>

图4-9　不同图像重建方法的图像重建结果

采用图像重建领域中常用的定量指标RE和CC分析与讨论不同图像重建算法的重建质量，如表4-2所示。深度学习图像重建方法与不同迭代步数的LIRM、TR和TV等图像重建方法相比较，不同实验模型重建图像的RE较低，同时CC较高。特别是与重建质量较好的LIRM100方法相比，平均RE降低了75.6%，平均CC提高了1.2倍。因为深度学习图像重建方法是"智能"的，它知道这些图像是什么样的，所以能够利用专家领域知识来指导深度学习重建方法学习到一个更好的解决方案。与VD-Net网络、V-Net网络相比较，LIRN方法重建的简单分布结果介于两种方法中间，主要是因为VD-Net和V-Net方法直接学习边界测量与介质分布之间的非线性映射关系，而LIRN方法的成像质量受到了线性近似灵敏度矩阵的限制。对于复杂分布的重建结果，LIRN方法与成像质量较好的VD-Net网络相比，平均RE降低了38%，平均CC提高了8.7%，主要原因是数据驱动的VD-Net重建方法是在不完备数据库中学习的，对于不同于数据库的某些多相介质分布很难准确地表达非线性重建能力，而模型驱动的LIRN网络与数据驱动方法（V-Net和VD-Net）相比，LIRN方法减少了对不完备数据库的依赖，同时继承了LIRM迭代重建算法对复杂分布测量噪声的适应性，从而提高了LIRN网络对复杂分布噪声数据的泛化能力。

表4-2　不同图像重建方法重建图像的RE和CC

实验	指标	LIRM4	LIRM100	TR	TV	V-Net	VD-Net	LIRN
	RE	1.25	1.05	0.15	1.40	0.04	0	0.02
	CC	0.11	0.15	0.12	0.08	0.99	1.0	0.99

实验	指标	LIRM4	LIRM100	TR	TV	V-Net	VD-Net	LIRN
	RE	1.30	1.11	1.39	1.43	0.38	0.12	0.15
	CC	0.28	0.31	0.28	0.22	0.92	0.99	0.95
	RE	1.01	0.92	1.19	1.31	0.68	0.57	0.46
	CC	0.45	0.48	0.52	0.50	0.82	0.89	0.91
	RE	0.71	0.69	0.73	0.58	0.66	0.63	0.28
	CC	0.75	0.79	0.83	0.86	0.80	0.84	0.97

4.3.2　分层分布动态实验测试

　　为了测试由离散气泡分布确定的 Landweber 迭代重建网络是否适合其他介质分布的重建，研究中采用气水分层分布含噪声的仿真训练集训练 Landweber 迭代重建网络，将训练好的 Landweber 迭代重建网络在动态实验中进行气水分层流的重建实验。Landweber 迭代重建网络的分层流动态实验中，采用图 3-20 所示的实验设备，实施与图 3-21 相同工况的动态实验，测试过程持续 20 s。

　　将其中 1 s 动态实验数据的 Landweber 迭代重建网络重建结果按照时间序列在空间堆叠，构成的成像结果如图 4-10 所示。Landweber 迭代重建网络的重建结果与摄像机拍摄的真实分层分布高度一致。动态实验定性地验证了采用离散气泡分布确定的 Landweber 迭代重建网络可以应用于气液两相流中分层流的监测。

图4-10　Landweber迭代重建网络水平分层流重建结果

4.4　本章小结

　　针对 Landweber 迭代重建算法中超参数与图像先验信息选择的问题，本章提出由全连接子网络、卷积子网络和前一步重建结果构成的模型驱动Landweber迭代重建网络。全连接子网络和卷积子网络分别是数据保真项和图像先验信息采用深度学习方法的表示。前一步迭代重建结果直接映射到其他两个子网的输出，构成残差网络，解决重建网络的退化问题。LIRN重建方法实现超参数与图像先验信息的联合训练与学习，也缓解了数据驱动深度学习重建方法对不完备数据库的依赖性。仿真结果表明，LIRN重建方法对不同水平高斯白噪声具有一定的鲁棒性，对不同电导率对比度样本的重建具有一定的泛化性。离散介质分布的实验结果表明，LIRN网络对于有噪声复杂分布的重建结果明显优于数据驱动的VD-Net和现有图像重建方法。分层分布的动态实验证明了该方法的实用性。

第5章

电阻/超声双模态注意力
融合图像重建

为了解决电阻/超声双模态融合成像中双模态测量信息有效融合的问题，本章从数据驱动双模态融合建模的角度，提出双分支注意力图像重建方法。该方法依据模态间信息的相关性与不同模态特征对重建图像的重要性，赋予不同模态局部特征不同的注意力权重，为电学与超声特征信息的有效融合提供可靠的方法，提高重建图像的质量。

5.1　双模态融合基础

5.1.1　超声波透射衰减原理

本书在进行复杂多相介质分布重建时增加了超声透射层析成像技术（Ultrasonic Transmissive Tomography，UTT）解决 ET 单模态测量信息的不足使得重建精度或重建范围受限的问题，通过 ERT 和 UT 双模态融合的深度学习图像重建方法提高重建质量。

超声波的衰减是指超声波在多相介质材料中传播时，超声波的能量（声压或声强）随传播距离的增大而逐渐减弱的现象[155]。超声波的衰减主要有三种：扩散衰减、散射衰减和吸收衰减。

由于超声波声速的扩散，随着传播距离的增加，波速截面越来越大，从而使超声波单位面积上的能量逐渐减小，这种衰减称为扩散衰减，扩散衰减与传播介质的性质无关，主要取决于波阵面的几何形状。超声波在介质中传播时，介质质点之间的热传导性、黏滞性和摩擦等因素引起机械能转换成热能，这种衰减称为吸收衰减，吸收衰减与介质的物理性质有关。散射衰减是超声波传播过程中，介质的不均匀性造成不均匀的声阻抗分布，当超声波传播到不同声阻抗的分界面处，发生散射（反射、折射和波形转换等），使原来传播方向上的能量减少，散射衰减与多相介质的物理特性有关。

超声波透射衰减测试原理如图 5-1 所示，发射端超声波换能器发出特定频率和幅值的超声波，其在多相介质分布的场域中传播时，超声波经波阵面的不断扩散、不同介质的分界面处发生散射及吸收等衰减机制后，接收端超声换能器接收到衰减后的声压信号。场域中分布的多相介质具有不同的物理特性、化学特性及几何结构等，使不同介质分布具有不同的超声衰减系数，因而不同介质分布对超声波的衰减作用不同，在接收端接收到的超声衰减程度就不同。发射端超声换能器与接收端超声换能器之间能量的衰减符合指数函数的变化规律[156]，其表达式如下：

$$p_\tau = p_o \mathrm{e}^{-\alpha\tau} \tag{5-1}$$

其中，p_τ是接收端超声换能器接收到的声压；p_o是发射端超声换能器发射的声压；o为超声发射端；τ为超声波发射端与接收端之间的距离；α是介质的超声衰减系数，描述介质对超声波信号的衰减作用，与场域中介质的声学特性相关。

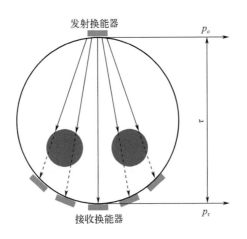

图5-1　超声波透射衰减测试原理

5.1.2　双模态测量信息与敏感空间

本书主要获取了边界电压、边界声压两种模态的信息，之所以要对这两种不同模态的测量信息进行融合，是因为它们分别从电学、声学角度对多相介质分布进行描述，表现的方式、描述的角度不一样。

不同物理特性（电导率、超声衰减系数）和几何结构的多相介质对被测场域中电学和声学敏感场产生不同的作用。当场域中存在电场分布时，不同电导率分布的介质对电场产生不同的调制作用，ERT边界测量电压发生变化，因此，ERT边界测量电压与多相介质电导率分布相关，是多相介质分布的电学描述。当场域中存在声场分布时，不同超声衰减系数分布的介质对声场产生不同的调制作用，换能器接收的声压发生变化，因此，超声波的衰减声压信息与多相介质超声衰减系数分布相关，是场域中多相介质分布的声学描述，如图5-2所示。在对同一多相介质分布的不同模态信息的描述中，可能存在一些冗余、冲突、互补的信息，在双模态信息处理过程中，充分挖掘和有效利用双模态测量信息是双模态层析成像图像重建过程中的核心问题。

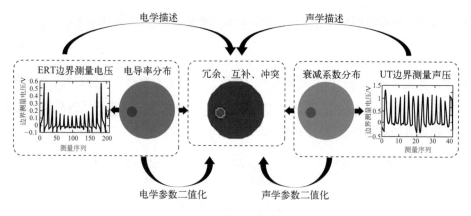

图5-2 双模态测量信息

双模态融合图像重建中，采用合适的融合方法，可将电学与声学不同模态的测量信息中冗余、冲突及互补的信息合理利用，提高图像重建质量。深度学习中常用的融合方法主要是联合融合和协同融合。双模态信息融合过程中，两种融合方法判断不同信息对重建目标的重要性，可针对冗余信息，通过竞争方式实现不同模态特征的选择。双模态信息融合过程是向着最小化目标函数的方向进行学习，目标函数的约束降低了电学与声学特征信息的差异性与冲突性。协同融合方法可找到电学与声学特征间互补信息的关联关系，按照同一目标函数的约束协同实现图像重建，而联合融合中不同模态信息未能交互，互补的信息不能有效挖掘与利用。因此，从双模态测量信息的角度分析，双模态信息的合理利用可以丰富特征空间，提高重建图像的质量。

ERT被测场中电极分布在场域边界，所有电极循环激励后的电场域叠加，如图5-3（a）所示，场域边界为最敏感区域，从边界到中心，电场场强逐渐减弱，中心区域的电场最弱。UT被测场中探头分布在场域边界，当所有探头的声波以一定的扩散角扩散传播时，如图5-3（b）所示，从场域中心到边界，由所有探头的叠加区域逐渐变为几个探头的叠加区域，甚至是只有一个探头声场影响的区域，因此，声场敏感性从中心到边界逐渐减弱，中心为最敏感区域，边界为最不敏感区域。从敏感场空间分布分析，电场和声场的敏感空间是互补的，合理利用两个敏感场空间可以扩大重建空间的有效敏感区域。

不同敏感原理测量信息对同一被测对象的多角度描述以及敏感空间的互补性为ERT与UT的融合提供了基础。多模态信息融合方法是不同模态测量信息有效挖掘与利用的重要手段，然而，两种模态信息的异质性、高维性以及维度不同等特点为双模态层析成像图像重建融合方法的设计带来了严峻的挑战。针对ERT、UT边界测量信息的上述特点，下文将介绍异质模态融合的深度学习图像重建方法。

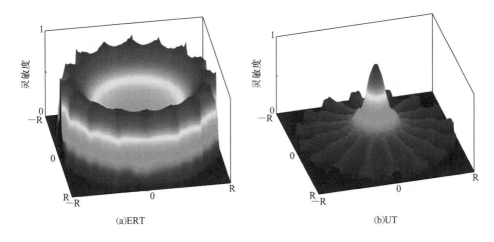

(a)ERT   (b)UT

图5-3 双模态敏感场的敏感空间

5.2 双模态信息融合方法

  双模态深度学习图像重建方法研究的主要内容包括双模态融合方法的研究、双模态网络结构的设计及双模态融合策略的选择。双模态融合方法是双模态深度学习图像重建研究中的关键问题。其中的双模态数据库由电学和超声两个相互独立传感器的测量信息构成，具有数据量大、模态信息多样与复杂等特点，其中，复杂性尤为突出。ERT技术的测量信息是对被测场域中介质电导率分布的描述，而UT技术是对场域中介质衰减系数分布的描述，不同模态的测量信息之间有复杂的相关关系，探索适合的双模态融合方法可以充分利用单模态测量信息内部以及不同模态测量信息间的相互关系提升双模态深度学习图像重建方法的性能。

  利用注意力机制可从众多信息中选择出对当前任务目标更关键信息[157]的优点，解决两种不同模态信息的融合问题。注意力机制通过计算不同模态特征信息之间的相关性，判断不同模态特征信息对重建目标的重要性，快速捕获需要重点关注的目标区域，然后对这一区域投入更多注意力资源，即对不同模态特征信息赋予不同的注意力权重，以获取更多需要关注的目标的细节信息，并抑制其他无用信息。注意力机制为有效融合给定的电阻与超声特征信息提供了一种可靠的方法，本节主要介绍基于注意力机制的两种模态特征信息的融合。

  采用的注意力机制简称为双线性缩放点积模型，即分别对ERT与UT的特征信息进行线性变换后计算点积，最后对其结果进行缩放。该模型在双线性模型[158, 159]基础上进行了两处改进，首先是添加了缩放因子，防止输入特征向量的维度较高时，学习到的权重值具有较大的方差，从而导致指数归一化函数梯度较小的问题。此外，双线性模型中两个特征向量相关性（相似性）计算过程中只使用了一个权重矩阵，双线性缩放点积模型中，两个模态特征相关性计算过程中通过不同模态特征向量与不同权重矩阵进行线性运算引入非对称性。

ERT 与 UT 的特征信息采用注意力机制的融合步骤如表 5-1 所示。q_1 是 ERT 的特征信息、q_2 是 UT 的特征向量，注意力机制中可学习的参数有 3 个，其中，w_1 和 w_2 是由两个模态特征信息计算相关性时引入的可学习参数，w_3 是聚合两种模态注意力特征的可学习参数。第一步是计算注意力权重，首先计算两个模态的相关性，即采用两个权重矩阵 w_1、w_2 分别与电学、超声的特征信息进行卷积运算，然后将两个卷积运算结果进行点积、缩放处理，最后采用指数归一化函数将相关性矩阵进行归一化处理，即为注意力权重。第二步是不同模态信息的注意力特征表示，该过程中将电学特征信息 q_1、超声特征信息 q_2 与第一步计算的相应归一化权重系数相匹配，最后加权求和，分配了不同注意力权重的两个模态特征向量 $\tilde{q}_1$ 和 $\tilde{q}_2$。第三步先将不同模态注意力特征 $\tilde{q}_1$、$\tilde{q}_2$ 在特征维度上进行拼接，再将拼接后的特征向量与权重矩阵 w_3 进行卷积运算，实现了不同模态注意力特征的同一特征空间聚合。注意力机制中的每个卷积运算后进行了 BN 归一化，注意力机制融合方法对应的网络结构如图 5-4 所示。

表5-1　注意力机制的融合方法实施过程

步骤	实施过程
1	输入：$q = [q_1, q_2] \in \Re^{s \times s}$ 其中，$q_1 \in \Re^{s \times s}$ 为 ERT 的特征向量；$q_2 \in \Re^{s \times s}$ 为 UT 的特征向量 可训练的参数：w_1、w_2、w_3 相关性矩阵 ξ_{mf}：$\xi_{mf} = (w_1 q_m)^{\mathrm{T}} \times (w_2 q_f) / s \ (m, f = \{1, 2\})$ 归一化注意力权重 ξ'_{mf}：$\xi'_{mf} = \mathrm{softmax}(\xi_{mf})$
2	不同模态注意力特征表示：$\tilde{q}_m = \sum_{f=1}^{2} \xi'_{mf} q_f$
3	多模态共享语义空间：$\Gamma \in \Re^{s \times s}$ 不同模态注意力特征的共同语义空间表示：$\Gamma = w_3 [\tilde{q}_1, \tilde{q}_2]$

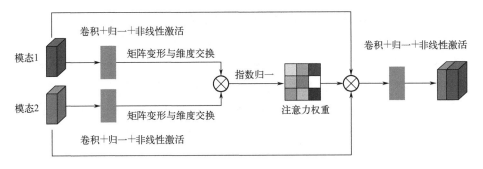

图5-4 注意力机制网络结构

图5-4中，注意力机制分别将ERT与UT两个模态的特征信息进行卷积运算，其结果再进行缩放点积，此过程中实现了ERT与UT两种不同特征信息的局部交互，同时保持了特征信息的空间结构。注意力模块根据计算电学和超声特征信息之间的相关性，判断电学和超声不同模态特征信息对重建目标图像的重要性，并对不同模态局部特征赋予不同的注意力权重，有效地融合了ERT与UT两种模态不同局部的特征信息，并促进不同模态特征信息的协同成像。

5.3 双分支注意力图像重建网络

5.3.1 双模态信息融合思路

单模态数据库信息有限，数据驱动的V-Net、VD-Net图像重建网络通过设计较多的隐藏层挖掘尽可能多的特征。双模态数据库比单模态数据库包含更丰富的有效信息，因此，探索将电阻/超声双模态特征信息有效融合，并能提升图像重建质量的方案是双模态融合图像重建网络的设计思路。

考虑到双模态数据库中测量信息的多样性、复杂性以及重建图像的质量要求，在ERT深度学习图像重建方法研究的基础上，设计了一个以初始成像过程、特征提取过程、图像重建过程为基础框架的双模态融合框架，如图5-5（a）所示。

电阻/超声双模态测量信息进行融合成像时，首先需要解决不同模态信息的异质性问题，即将不同维度不同物理意义的测量信息转化为同一维度、同一语义的信息，本书通过初始成像过程将不同维度电学和超声的测量信息转化为相同维度图像空间的像素信息，为双模态信息融合创造了条件。初始成像过程中采用了2个网络结构相同的初始成像模块IIB，其由5个全连接层构成，结构如图5-5（b）所示，每层神经元的个数依次为：812、406、250、406、812。单个样本中ERT技术测量信息为208个元素的电压向量，UT技术测量信息为80个元素的声压向量，每个IIB模块的输入层分别为ERT的测量电压向量、UT的测量声压向量，输入层神经元个数等于各个序列中元素的个数。为方便其后网络的信息处理，将初始成像的圆形成像区域映射到对应的矩形成像区域（32×32），其中，非圆形成像区域的像素补零。

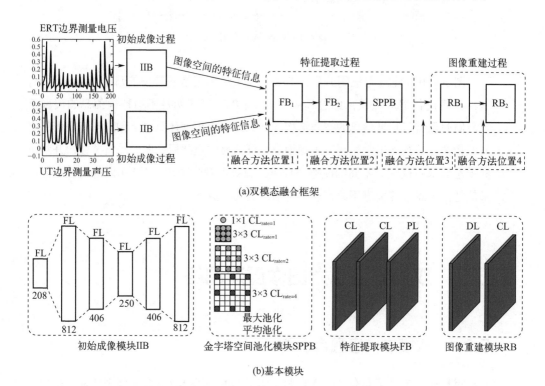

图5-5　双模态融合思路

VD-Net网络高质量地重建多相介质分布证明了特征提取模块FB在特征提取过程的有效性。此外，空间金字塔池化模块（Spatial Pyramid Pooling Block，SPPB）擅长提取信息的多尺度特征，一方面可减少FB模块的堆叠，另一方面也可降低网络的复杂度。因此，双模态融合的特征提取过程由2个FB模块和1个SPPB模块构成，其结构如图5-5（b）所示，不同特征提取模块完成不同的特征提取任务。其中，FB_1模块包含1个池化层与2个卷积层，将特征图的尺寸从32×32下采样到16×16，FB_2模块将特征图的尺寸从16×16下采样到8×8。SPPB模块挖掘FB_2模块输出的多尺度特征信息，其中每个尺度特征提取过程作为一个独立的分支，多个尺度

层析成像深度学习图像重建技术：电阻及电阻／超声双模态融合

特征提取过程的多个独立分支将网络变宽。SPPB 模块中多个空洞卷积的运算结果直接上采样得到的图像是很粗糙的，研究中先将不同尺度的特征拼接，然后再进行上采样。为了在图像重建过程中提供更多的有效信息，空间金字塔池化模块中除包含不同空洞率（1、2、4）的空洞卷积提取的多尺度信息外，还添加了最大池化层和平均池化层，分别保留了局部最大值与平均值的信息。

VD-Net 图像重建网络中 4 个图像重建模块 RB 的堆叠实现了图像重建过程，因此，双模态融合成像网络中也采用 RB 模块作为融合重建过程中的基本模块，其结构如图 5-5（b）所示。与特征提取过程相对应，采用 2 个 RB 模块构成图像重建过程。空间金字塔池化模块输出的多尺度信息经过 2 个 RB 模块实现多相介质分布的重建。RB_1 模块包含一个反卷积上采样层和一个卷积层，将特征图尺寸由 8×8 上采样到 16×16，RB_2 模块包含一个反卷积上采样层和一个卷积层，其上采样层将特征图尺寸由 16×16 上采样到 32×32，卷积层采用 1×1 的卷积核将特征图的特征维度从 256 降到 1，卷积层输出的 32×32 矩形成像区域剪切成被测圆形成像区域，即为双模态图像重建网络的输出。

由于深度学习融合策略的灵活性，可在特征提取过程与图像重建过程中任意位置添加合适的融合方法进行双模态融合。本书采用注意力机制作为两种模态特征信息的融合方法，主要对 4 个不同位置的融合方法进行不同融合策略的讨论。其中，位置 1 处于 IIB 与 FB_1 之间，可认为是早期特征位置；位置 2 处于 FB_2 与 SPPB 之间，属于特征提取过程的中间阶段，可认为是中期特征位置；位置 3 处于 SPPB 与 RB_1 之间，其输出的是高维语义特征，可认为是晚期特征位置。位置 1～3 处的特征分别是早期、中期及晚期特征，具有典型性和代表性，因此，特征级融合策略主要对这 3 个位置进行研究。位置 4 处于 RB_2 模块反卷积层与卷积层之间，反卷积层输出重建的介质分布，属于决策级融合，也是本书介绍的融合策略之一。

5.3.2 双模态融合网络的训练

数据库中双模态数据的多样性与复杂性丰富了前向传播过程中的信息同时增加了反向传播过程中的梯度；双模态融合网络较浅，梯度反向传播过程中前 5 层的梯度不会太小，因此不需要像 V-Net、VD-Net 图像重建方法一样，在损失函数中添加第 5 层输出的交叉熵；此外，为了防止双模态融合网络训练过程中过拟合，添加二范数正则化项，约束与监督图像重建过程。综合以上分析，双模态融合网络的损失函数为

$$W(x, w) = d(x) + \lambda R(w) \tag{5-2}$$

其中，$d(x)$ 为网络最后一层输出的交叉熵损失函数，其计算过程见方程（3-3）；$R(w)$ 为二范数正则化项；λ 是 $R(w)$ 的系数。

网络训练过程中，$d(x)$ 是损失函数的主要部分，计算双模态融合网络预测介质分布像素向量与仿真模型分布像素向量之间的差异性，$d(x)$ 越小，重建图像的质量越好。$R(w)$ 是损失函数的辅助部分，在训练中每次更新梯度之前，都会先对权重向量进行收缩，约束图像重建的解空间，使重建目标越来越接近真实的介质分布，因此 $d(x)$ 的系数设置为 1，λ 设置为 0.001。

双模态融合网络的训练过程与其他深度学习图像重建方法的训练过程类似，主要包括两个过程：前向传播过程和反向传播过程。前向传播过程中从数据库中批量提取样本，将 ERT 测量电压向量与 UT 测量声压向量分别输入网络的两个分支中，两个模态的测量信息从输入层经过逐层变换、交互、整合，最终传出到输出层，得到预测的介质分布。反向传播过程中，预测介质分布和仿真模型分布进行比较，计算损失函数，损失函数作为图像重建的目标函数，约束、监督和优化图像重建模型的学习过程，选用合适的超参数与动量随机梯度下降方法反向逐层更新图像重建模型中的可学习参数，此过程中实时观察损失函数曲线的变化，当损失函数在一段时间间隔内保持稳定变化时，图像重建模型学习结束。

双模态融合网络训练过程中超参数的选择也是影响图像重建模型性能的重要因素，主要通过观察损失函数的变化，采用早停策略进行超参数的微调。最终超参数的设置如下：学习周期为 200；批量为 200；动量为 0.9；学习率按照指数衰减，同时初始学习率为 0.01，衰减率为 0.99；网络中权重和偏差的初值采用均值为 0、偏差为 0.01 的随机初始化方法赋值。

5.3.3　双模态融合策略的选择

多模态图像重建中不同模态信息的融合策略比较灵活。数据级融合适用于同质传感器的融合，不适用于 ERT 与 UT 两种异质传感器测量信息的融合；混合融合策略多用于不同形态信息（文本、语音以及图片等）的融合，而 ERT 和 UT 两种模态的原始信息都属于测量空间的有序时间序列，不需要复杂的融合策略。因此，ERT 与 UT 融合的深度学习图像重建方法的研究中不对数据级融合策略和混合融合策略进行讨论与分析。为了探索合适的双模态特征信息融合策略，本书讨论注意力融合方法在 4 个不同位置的融合策略，其中，选择 3 种特征级融合策略以及 1 种决策级融合策略进行图像重建测试分析与对比，不同融合策略的图像重建网络如图 5-6 所示。

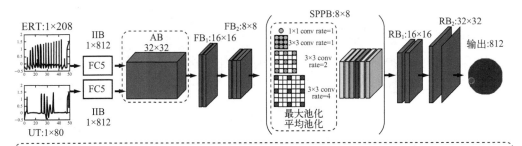

IIB—初始成像模块　AB—注意力机制模块　FB—特征提取模块　RB—图像重建模块　SPPB—空间金字塔池化模块

(a) DBAIRN1的结构

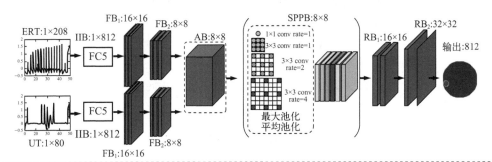

IIB—初始成像模块　AB—注意力机制模块　FB—特征提取模块　RB—图像重建模块　SPPB—空间金字塔池化模块

(b) DBAIRN2的结构

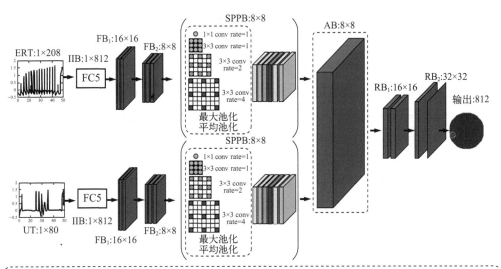

IIB—初始成像模块　AB—注意力机制模块　FB—特征提取模块　RB—图像重建模块　SPPB—空间金字塔池化模块

(c) DBAIRN3的结构

图5-6

101

第5章　电阻/超声双模态注意力融合图像重建

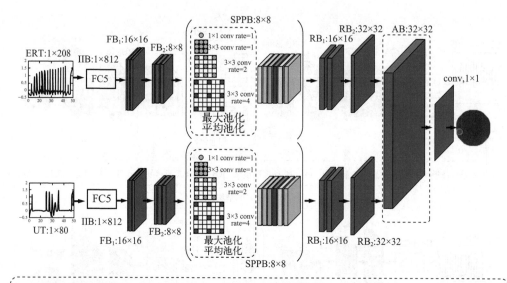

(d) DBAIRN4的结构

图5-6　不同融合策略的网络结构

对不同融合策略的重建网络进行测试时，双模态测试集中不同内含物个数的样本分开测试，将单个、两个、三个内含物的样本集分别称为测试集1、测试集2、测试集3。采用注意力机制进行融合的重建方法称为双分支注意力图像重建网络（Dual Branch Attention Image Reconstruction Net，DBAIRN）。其中，DBAIRN1～DBAIRN4中注意力模块的位置分别与图5-5（a）中融合方法的4个位置一一对应。本书将DBAIRN网络与单支路图像重建网络（Single Branch Image Reconstruction Net，SBIRN）、双分支拼接图像重建网络（Dual Branch Concatenate Image Reconstruction Net，DBCIRN）的成像结果进行比较。SBIRN网络与DBAIRN网络的基础结构相同，不同之处在于SBIRN网络用于单模态成像，而DBAIRN网络用于双模态成像；DBCIRN网络与DBAIRN网络的基础结构相同，不同之处在于DBCIRN网络采用简单拼接的联合融合方法，而DBAIRN网络采用注意力机制的协同融合方法。

单模态深度学习图像重建方法及采用不同融合方法、不同融合策略的双模态深度学习图像重建方法在不同测试集中重建结果的平均RE、最大RE、最小RE和平均CC、最大CC、最小CC见表5-2和表5-3。

表5-2　不同融合策略重建图像的RE

重建方法	测试集1			测试集2			测试集3		
	平均	最大	最小	平均	最大	最小	平均	最大	最小
ERT-SBIRN	0.106	1.372	0.000	0.030	0.242	0.011	0.115	0.634	0.015
UT-SBIRN	0.221	1.413	0.000	0.157	0.772	0.010	0.318	1.322	0.012
DBCIRN1	0.091	1.141	0.000	0.020	0.493	0.005	0.095	0.645	0.010
DBCIRN2	0.109	1.394	0.000	0.035	0.445	0.005	0.109	0.625	0.013
DBCIRN3	0.165	1.414	0.000	0.027	0.796	0.007	0.125	0.849	0.008
DBCIRN4	0.224	2.218	0.000	0.127	1.620	0.011	0.282	1.668	0.011
DBAIRN1	**0.061**	1.413	0.000	**0.013**	0.142	0.005	**0.080**	0.598	0.009
DBAIRN2	0.103	1.414	0.000	0.035	0.420	0.006	0.118	0.8259	0.011
DBAIRN3	0.150	1.414	0.000	0.020	0.645	0.004	0.119	0.927	0.006
DBAIRN4	0.192	1.724	0.000	0.088	0.772	0.005	0.210	1.042	0.009

表5-3　不同融合策略重建图像的CC

重建方法	测试集1			测试集2			测试集3		
	平均	最大	最小	平均	最大	最小	平均	最大	最小
ERT-SBIRN	0.951	1.000	0.004	0.997	1.000	0.971	0.982	1.000	0.808
UT-SBIRN	0.919	1.000	0.003	0.968	1.000	0.712	0.930	1.000	0.609
DBCIRN1	0.962	1.000	0.003	0.999	1.000	0.876	0.986	1.000	0.817
DBCIRN2	0.957	1.000	0.003	0.997	1.000	0.915	0.983	1.000	0.813
DBCIRN3	0.904	1.0	0.002	0.998	1.000	0.646	0.980	1.000	0.523
DBCIRN4	0.899	1.000	0.002	0.974	1.000	0.250	0.921	1.000	0.209
DBAIRN1	**0.973**	1.000	0.003	**0.999**	1.000	0.991	**0.990**	1.000	0.845
DBAIRN2	0.961	1.000	0.003	0.997	1.000	0.910	0.979	1.000	0.677
DBAIRN3	0.924	1.000	0.002	0.998	1.000	0.814	0.978	1.000	0.5259
DBAIRN4	0.911	1.000	0.002	0.987	1.000	0.855	0.932	1.000	0.617

　　表5-2和表5-3中，DBCIRN1～DBCIRN4网络中ERT与UT特征信息拼接融合位置分别与DBAIRN1～DBAIRN4两种特征信息注意力模块融合位置一一对应。不

同融合策略、融合方法的成像结果中，DBAIRN1与DBCIRN1两种方法在3个测试集中成像结果的RE与CC优于其他双模态重建方法与单模态重建方法的重建结果，且DBAIRN1方法优于DBCIRN1方法。

DBAIRN1与DBCIRN1两种融合方法在网络的早期进行特征融合，与其他不同融合策略的双模态融合方法相比可以较早地挖掘电学与超声两种模态的互补特征信息。DBAIRN1中采用注意力机制将电学与超声两种模态的测量信息进行协同融合，判断不同模态特征对重建目标的重要性，并计算不同模态之间的相关性，智能给予不同模态特征不同的注意力权重，实现了电学与超声两种模态特征信息的有效选择，从而促进双模态信息协同成像，提高了图像成像质量。DBAIRN2~DBAIRN4方法与DBCIRN2~DBCIRN4方法重建图像的RE与CC两个评价指标优于采用UT测量信息进行图像重建的SBIRN方法而低于采用ERT测量信息进行图像重建的SBIRN方法。其中，DBAIRN2、DBAIRN3方法及DBCIRN2、DBCIRN3方法随着双模态特征信息融合位置的后移，其成像结果介于两个单模态方法的成像结果之间，可能是不同模态特征信息间的互补和关联作用未能充分发挥，使得重建结果与两种单模态重建相比未能得到提升；DBAIRN4和DBCIRN4的融合位置位于RB_2之后，属于决策级融合，在两个模态信息决策级融合之前，电学与超声两个模态的测量信息已经分别完成了对被测介质的重建，而注意力融合方法在决策级可挖掘的双模态有效信息非常有限，很难将电学与超声两种模态的互补信息挖掘出来，两种融合方法的结果也是介于两种单模态成像结果之间，未能提高成像质量。

综合分析不同融合策略重建图像的定量指标，注意力模块或拼接融合方法位于IIB与FB_1两个模块之间的融合策略重建结果最优。因此，下文都是针对DBAIRN1和DBCIRN1两种融合方法进行讨论，分别简写为DBAIRN和DBCIRN。

5.4 仿真结果与分析

5.4.1 仿真重建结果

为了直观观察DBAIRN方法重建图像的质量，本章将DBAIRN重建方法与不同单模态测量信息作为输入的SBIRN方法、双模态融合方法DBCIRN在3个测试集中分别进行测试。每一个测试集中，不同尺寸、位置气泡分布的成像结果如图5-7所示。

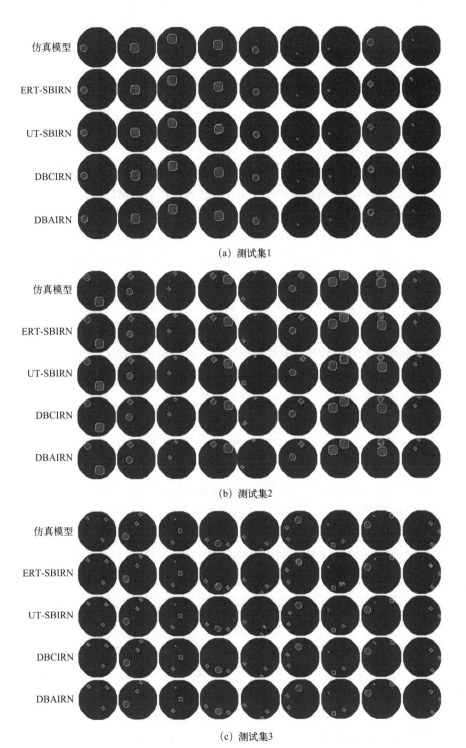

（a）测试集1

（b）测试集2

（c）测试集3

图5-7 不同测试集的成像结果

第 5 章　电阻 / 超声双模态注意力融合图像重建

图5-7中，第1行为设置的仿真模型分布，第2行和第3行分别是以ERT、UT作为监测技术采用SBIRN方法进行图像重建的重建结果，第4行和第5行是电学和超声两种模态测量信息分别采用双模态融合方法DBCIRN和DBAIRN进行图像重建的结果。

测试集1的图像重建结果中，仿真模型1采用单模态图像重建SBIRN方法及双模态融合方法DBAIRN和DBCIRN，都获得了较好的成像结果；仿真模型2～6的重建结果中，UT测量信息作为输入的SBIRN方法成像结果略差于ERT测量信息作为输入的SBIRN方法图像重建结果，电学和超声的测量信息采用DBCIRN和DBAIRN方法进行融合成像，获得了比单模态图像重建SBIRN方法更好的成像结果；重建仿真模型7时，采用UT测量信息作为SBIRN方法输入比采用以ERT测量信息作为SBIRN方法输入获得了更好的成像结果，电阻/超声融合的深度学习图像重建方法（DBAIRN和DBCIRN）的成像结果优于两种单模态信息分别进行成像的SBIRN方法，且DBAIRN方法获得了更优的成像质量；仿真模型8～9的重建结果中，两种模态测量信息分别采用单模态成像SBIRN方法重建的结果都略有失真，而采用两种模态信息进行融合成像的DBAIRN方法和DBCIRN方法获得了更好的重建结果，且DBAIRN方法优于DBCIRN方法。测试集2和测试集3中不同方法的成像结果与测试集1类似，也包括以上4种结果。

不同单模态或双模态深度学习图像重建方法在测试集中的成像结果表明：电阻/超声融合的深度学习图像重建DBAIRN方法、DBCIRN方法与单模态图像重建SBIRN方法相比，它们的基础网络结构相同，但电阻/超声融合的深度学习图像重建方法的重建结果明显优于单模态图像重建SBIRN方法的成像结果。此外，采用注意力机制融合的DBAIRN方法优于采用简单拼接融合的DBCIRN方法。电阻/超声融合的深度学习图像重建方法利用了两种不同敏感原理的测量信息，比单模态图像重建方法可利用的信息更加丰富与全面，可以获取对被测对象多层次、多方面、多角度的描述，因此，双模态融合图像重建方法（DBAIRN、DBCIRN）比单模态图像重建方法SBIRN获得更好的重建结果，提高了图像重建质量。双模态拼接融合方法DBCIRN仅仅是将电学与超声的特征信息在特征维度串接，属于双模态联合融合，没有将不同特征信息进行交互。而双模态注意力融合方法DBAIRN属于协同融合，采用注意力机制实现电学与超声特征交互的同时，计算不同模态间信息的相关性，并判断两个模态不同局部特征信息对重建目标的重要性，并对电学与超声不同局部特征信息赋予不同的注意力权重，有选择地利用不同模态的特征信息，使电学与超声的互补特征信息被有效挖掘与利用，促进协同成像的质量。

5.4.2 算法抗噪性分析

不同图像重建方法的仿真重建结果表明双分支注意力图像重建方法通过注意力机制使电阻/超声两种不同模态的特征信息有效融合，提高了图像重建质量。为了分析双分支注意力图像重建方法对高斯白噪声的抗噪性，将信噪比为20~60 dB的高斯白噪声依次添加到测试集1~3中，采用单模态图像重建SBIRN方法与2种双模态融合成像方法DBAIRN和DBCIRN分别重建不同信噪比测试集中的样本，并计算重建结果的平均RE和平均CC，其结果如图5-8所示。

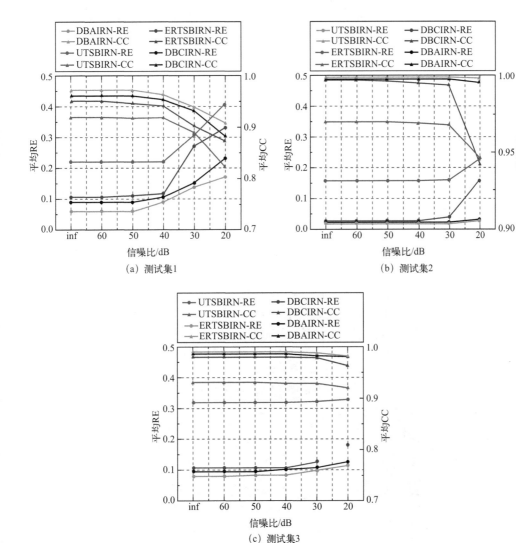

图5-8 不同噪声测试结果的平均RE和平均CC

采用平均RE和平均CC两个定量评价指标分析不同噪声测试集的重建结果，对比实验表明：随着噪声的增大，不同重建方法在不同测试集中重建图像的平均RE不同程度地增大，对应的平均CC不同程度地减小。其中，DBAIRN方法在不同测试集中不同噪声水平成像结果的平均RE最小，平均RE的变化量最小，对应的平均CC最大，平均CC的变化量最小。DBCIRN方法重建图像的性能指标略差于DBAIRN方法，由于两种双模态成像方法（DBCIRN和DBAIRN）融合了ERT和UT两个模态的测量信息，其成像质量优于单模态成像方法SBIRN的成像质量，尤其是UT传感器可利用的信息最少，因此，UT测量信息作为输入的SBIRN方法的重建质量最差。综上所述，电阻与超声融合的深度学习图像重建方法DBAIRN不仅提高了图像重建质量，同时还提高了对不同水平高斯白噪声的鲁棒性。

5.5　实验结果与分析

为了测试采用电阻与超声双模态测量信息进行融合成像的双分支注意力图像重建方法的实用性，本章采用天津大学过程检测与控制重点实验室开发的双模态层析成像系统进行了一系列实验验证，ERT和UT双模态测试系统如图5-9所示，主要包括双模态传感器、数据采集与处理单元、图像重建与显示单元。

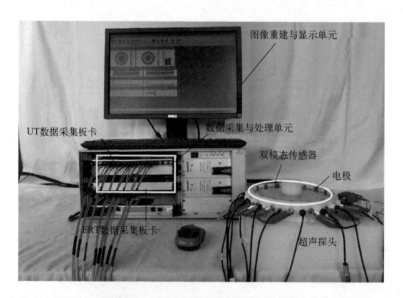

图5-9　双模态层析成像实验系统

层析成像深度学习图像重建技术：电阻及电阻/超声双模态融合

双模态传感器安装在被测场域的边界，由16个电极与16个超声探头均匀交替分布构成圆形阵列，电极的长、宽、高分别为10 mm、1 mm、30 mm，在内径为9 mm的压电陶瓷超声探头前端加装半球形透镜增大扩散角来提高测量范围。数据采集与处理单元主要由ERT数据采集板卡和UT数据采集板卡构成，ERT数据采集板卡实现16个电极的循环激励与接收信号的滤波、放大和解调，其中，激励电流为幅值1 mA的正弦信号，激励频率为50 kHz，采集频率为1 MHz。UT数据采集板卡采用电压激励、电压检测的方式完成对16个超声发射探头的循环激励与接收探头信号滤波、放大以及解调，其中，激励电压为峰峰值100 V的双极性矩形脉冲信号，激励频率为1 MHz，采集频率为20 MHz。图像重建与显示单元主要是将数据采集与处理单元获取的边界测量信息通过合适的融合成像方法重建场域中多相介质分布并显示重建结果。

双模态层析成像实验中，被测场域的内径和高度分别为125 mm、30 mm，采用电导率为0.06 S/m的自来水作为背景介质，不导电材料模拟水中的离散相介质。双模态系统中，ERT数据采集板卡的激励电流频率为50 kHz，为了获得较高的接收信号信噪比，UT数据采集板卡采用发射超声波能量较大的1 MHz高频发射频率。研究中设计了9种不同离散介质分布模型，分别将直径为16 mm、20 mm、30 mm的不导电介质放置在水中，通过改变不导电介质的位置、个数以及不同尺寸介质的组合来模拟不同的多相介质分布模型，如表5-4所示。

表5-4 双模态实验介质分布模型

实验模型序号	介质直径/mm	介质中心坐标/mm
1	16	(−25, −25)
2	20	(−25, 25)
3	30	(25, 25)
4	20、30	(25, 25)、(−25, −25)
5	16、30	(25, 25)、(−25, −25)
6	20、30	(−25, 25)、(−25, −25)
7	20、20、30	(−25, 25)、(25, 25)、(0, −20)
8	30、20、20	(−25, 25)、(25, 25)、(0, −20)
9	16、30、16	(−25, 25)、(25, 25)、(0, −20)

为了直观观察与分析融合成像DBAIRN方法的重建效果，双模态信息融合的

多相介质重建实验中，将DBAIRN方法的重建结果与双模态拼接融合的DBCIRN方法、单模态重建方法（SBIRN、TV、VD-Net、LIRN）的重建结果进行比较。不同图像重建方法对表5-4中9种不同介质分布模型的重建结果如图5-10所示。

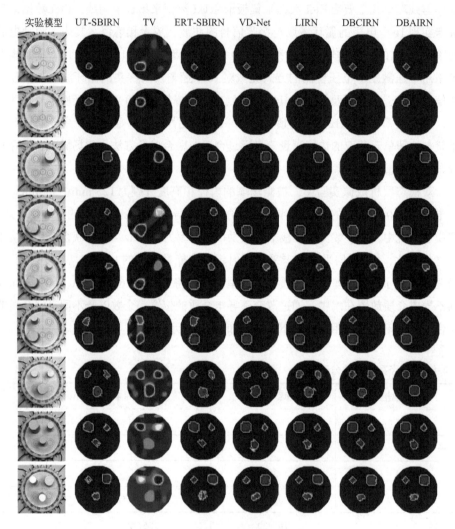

图5-10 不同图像重建方法的成像结果

图5-10中采用TV方法重建的图像可以体现出重建目标的大体轮廓，但不同相介质之间有一个过渡区，且重建图像的边界比较光滑，不能准确重建不同相之间的边界。除TV重建方法外，其他方法都属于深度学习图像重建方法，它们重建的图像无伪影，边界清晰，不同相之间没有过渡区。此外，双模态融合方法重建图像的质量优于单模态图像重建方法，同时基于注意力机制协同融合双模态信息的

层析成像深度学习图像重建技术：电阻及电阻／超声双模态融合

DBAIRN方法重建图像比联合融合双模态信息的DBCIRN方法重建图像更逼近实验模型分布。

　　为了对双模态融合重建方法DBAIRN和DBCIRN，单模态重建方法SBIRN、TV、VD-Net及LIRN进行定量分析，研究中进一步计算了每种图像重建方法对图5-10中不同实验模型分布重建结果的RE和CC，如图5-11所示。与图5-10的结果一致，TV方法的性能指标最差，LIRN方法对复杂分布的重建指标优于VD-Net方法，而对简单分布的重建指标差于VD-Net方法，2种双模态融合方法的性能指标最优。与重建质量较优的单模态重建方法VD-Net和LIRN相比，DBAIRN方法重建结果的平均RE分别降低了61%、58%，平均CC提高了4%。DBAIRN方法的重建结果优于DBCIRN方法，所有模型重建结果的平均RE降低了24%，平均CC提高了0.9%。

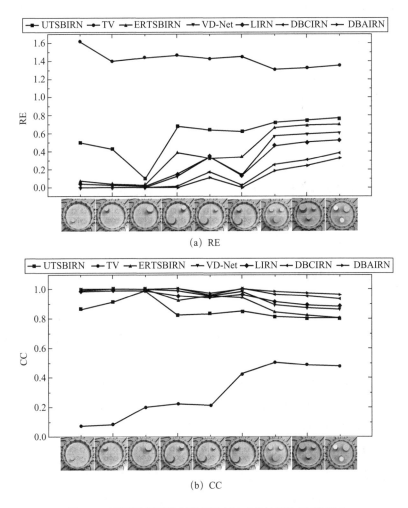

图5-11　不同图像重建方法不同实验成像结果的RE和CC

不同实验模型的重建结果以及重建图像的评价指标表明，DBAIRN方法比其他单模态以及DBCIRN图像重建方法在重建图像的质量方面有明显的提升。TV重建图像的边缘太光滑，离散相边界不能准确重建。采用超声测量信息进行图像重建的SBIRN方法，重建介质分布时使用的声压向量由80个元素构成，其数量远远小于所重建介质分布的812个像素，欠定性比较严重，所以重建质量较差。ERT测量信息进行重建的SBIRN方法比UT信息进行重建的SBIRN方法欠定性略好一些，因此，其重建结果略优。VD-Net图像重建方法训练时采用的样本量是SBIRN方法训练时样本量的2.1倍，此外，VD-Net网络中采用密集连接，提高了图像重建非线性过程的学习能力，所以VD-Net方法的图像重建质量高于单模态图像重建SBIRN方法。LIRN方法是Landweber迭代重建方法与深度学习方法相融合后的重建方法，与VD-Net重建方法相比，其对实验中复杂分布的重建质量提高了，但由于受线性近似的灵敏度矩阵的影响，该方法对图像重建质量的提高存在一个瓶颈值。DBCIRN与DBAIRN双模态深度学习图像重建方法由于融合了电阻与超声两种模态的特征信息，其重建图像的质量优于单模态图像重建方法。DBCIRN方法采用联合融合，仅仅将电学与超声特征信息进行简单的拼接，没有充分发挥电学与超声的互补特征信息，而DBAIRN方法基于注意力机制采用了协同融合的方式，图像重建过程中计算了不同模态特征间的相关性，判断每种模态特征信息对重建目标的重要性，并赋予不同模态局部特征不同的注意力权重，实现电阻与超声特征信息的优势互补，有效促进了双模态信息的融合，实现协同成像，提高了重建图像的质量。

5.6　本章小结

为解决电阻/超声双模态融合图像重建研究中有效挖掘与利用不同模态特征信息的问题，本章从数据驱动双模态信息融合建模的角度，采用深度学习方法，提出双分支注意力图像重建方法，构建了由顺序连接的初始成像、特征提取、图像重建3个过程组成的网络结构。初始成像过程将ERT与UT不同维度、不同语义的测量信息转化为相同维度的图像空间信息，解决了不同模态信息的异质性问题；特征提取过程中提取高维的特征信息，改善了图像重建的不适定性问题，采用空间金字塔模块挖掘多尺度特征信息，为图像重建过程提供所需的重建特征；图像重建过程根据自学习、提取的特征进行多相介质的图像重建。采用基于注意力的协同融合方法，根据两个模态不同局部特征信息，对重建目标的重要性与相关性赋予不同模态不同局部特征信息的注意力权重，将电阻与超声特征信息在图像重建过程中有效融合，促进双模态信息协同成像。不同图像重建方法的仿真与实验结果表明，双分支注意力图像重建方法优于单模态图像重建方法与拼接融合的图像重建方法。

第6章

总结与展望

6.1 总结

针对电阻层析成像图像重建中边界测量与介质分布之间关系的非线性建模问题，本书介绍了如何设计合理的数据驱动图像重建网络，学习并更好地适应边界测量与介质分布之间的非线性关系；针对数据驱动重建模型对不完备数据库的依赖性，从模型驱动的角度，提出深度学习与迭代重建方法融合的方法，并解决了迭代重建方法中超参数与先验信息的选择问题；针对电阻层析成像单模态图像重建中可利用的信息单一而影响复杂分布的重建质量问题，介绍了电阻/超声双模态融合成像的内容。主要内容如下。

① 为了解决 ERT 图像重建中边界测量电压与介质分布不同变量之间非线性映射关系建模的问题，从数据驱动深度学习非线性建模的角度，提出由初始成像、特征提取、图像重建 3 个过程构成的 V-Net 图像重建方法。采用 5 层全连接将 ERT 的测量信息转换为图像空间的像素信息，实现初始成像；使用 5 个由卷积层和池化层组合的特征提取模块完成特征提取过程，并通过增加特征维度改善图像重建问题的不适定性；最后根据特征提取过程提取的重建所需特征，使用 4 个图像重建模块达到图像重建的目的。为解决 V-Net 网络的退化问题，构建了残差连接层；为加速与促进 V-Net 网络的训练，特征提取过程与图像重建过程之间添加了 4 条短连接；为监督与约束 V-Net 图像重建模型的学习过程，采用新的损失函数进行训练。离散介质分布的仿真和实验结果证明了该方法用于 ERT 图像重建的可行性。

② 为了解决 V-Net 图像重建方法中信息流与梯度流的稀疏性影响重建图像质量的问题，在理论推导密集连接中信息流和梯度流的数量，并分析密集连接为什么可提高网络性能的基础上，提出密集连接的 VD-Net 图像重建方法。将 V-Net 网络中特征提取模块与图像重建模块间相同尺寸的特征图组合了 4 个密集块，每个密集块中采用密集连接增加了网络中的信息流与梯度流，使得 VD-Net 图像重建方法更好地适应图像重建中边界测量与介质分布之间的非线性关系。离散介质分布实验结果表明：密集连接的 VD-Net 网络重建图像比 V-Net 网络重建结果的平均误差降低了25%，平均相关系数提高了 5%，且空间分辨率（3.12%～4%）明显优于现有图像重建方法（10%～15%）。流动的水平气水分层分布重建实验验证了该方法的实用性。

③ 为了解决 Landweber 迭代图像重建方法中采用经验或特定方法选择超参数与图像先验信息而导致重建图像的精度或范围受限的问题，实现了模型驱动的 LIRN 网络，自然地继承了 Landweber 迭代重建方法中的数学模型，也具有了自学习能力。LIRN 网络中的每一层由三部分构成，分别是全连接子网络、卷积子网络及前

一层迭代重建结果。前一层迭代重建结果单位映射到另外两个子网的输出，构成了残差模块，解决重建网络的退化问题；全连接子网络学习数据保真项；卷积子网络从训练数据集中学习图像的先验信息，而不是在变换域中设置稀疏的正则化器；网络中松弛因子向量、隐含在卷积核中的正则化系数及图像先验信息等参数联合训练与学习。离散介质分布实验结果表明：LIRN重建网络比Landweber迭代重建方法的重建结果平均误差降低了75.6%，平均相关系数提高了1.2倍；与密集连接的VD-Net网络相比，对于有噪声且复杂分布重建图像的平均误差降低了38%，平均相关系数提高了8.7%。水平气水分层分布的动态实验证明了该方法的实用性。

④ 为了解决电阻/超声双模态融合层析成像图像重建方法中，ERT与UT双模态测量信息具有多样性与复杂性，难以合理利用双模态的特征信息实现有效融合的问题，从数据驱动双模态融合建模的角度出发，提出由初始成像、特征提取、图像重建3个过程组合的双分支注意力图像重建方法。采用2个5层的全连接模块将不同维度、不同物理意义的测量信息转换到相同维度图像空间的像素信息，实现初始成像，并解决了双模态融合成像中不同模态信息的异质性问题；特征提取过程中，采用金字塔空间池化模块提取多尺度特征，为图像重建过程提供更多的有效特征，并通过增加特征空间的维度缓解图像重建的不适定性；采用2个图像重建模块完成图像重建过程。注意力融合方法计算不同模态特征间的相关性，判断电学和超声不同模态的局部特征信息对重建目标的重要性，并依此赋予各个模态不同局部特征信息不同的注意力权重，充分挖掘并有效利用了电学和超声两种模态的不同局部信息，促进了双模态信息的有效融合与协同成像。仿真结果表明，双分支注意力融合图像重建方法在成像质量与抗噪性能方面优于相同网络框架的单分支图像重建方法以及双分支拼接融合图像重建方法。实验结果表明，与经典的TV图像重建方法、数据驱动VD-Net网络、模型驱动Landweber迭代重建网络，以及相同网络框架的单、双模态图像重建方法相比，双分支注意力融合图像重建方法在图像重建质量方面有了较大提升。其中，双分支注意力图像重建网络与双分支拼接重建网络及性能较优的VD-Net网络、Landweber迭代重建网络相比，平均误差分别降低了24%、61%、58%，平均相关系数提高了0.9%、4%、4%。

6.2 展望

本书探索并验证了数据驱动深度学习图像重建方法（V-Net与VD-Net）、模型驱动的Landweber图像重建网络以及电阻/超声双模态融合的双分支注意力图像重建方法应用于图像重建的可行性与提高图像重建质量的有效性。尽管针对一些多相介质分布，采用自己开发的实验测试系统和本书提出的图像重建方法具有一定的优越性，但深度学习图像重建算法尚处于研究的初期阶段，仍然有很多关键问题需要进一步分析与解决，未来可从以下几个角度继续研究与探索。

① 图像重建方法研究中仿真数据库的合理性与完备性。本书中数据库的标签是根据被测场域中已知的介质分布，直接提取预先设定剖分网格中所有像素点处的像素值（二值化处理为 0 或 1），标签是可靠的。然而，以 ERT 或 UT 作为检测技术的多相介质分布数据库中，边界测量信息是根据已知的介质分布采用有限元方法求解层析成像正问题而获得，这是一个线性近似的处理过程，所以，仿真获取的边界测量值是否可靠，或者是否有更合理的数据库创建方法需要进一步探究。此外，当前数据库仅包含气水两相中离散相分布和分层分布样本，未来可创建其他典型分布样本来不断补充、丰富数据库。创建数据库需要耗费大量的人力、物力、财力及更重要的时间成本。目前，不同的研究团队创建了不同分布的小规模数据库，各研究团队可将各自不同样本的单模态或多模态数据库上传到一个共享平台，构成一个可共享的大规模数据库，用于深度学习图像重建方法的进一步研究。

② 深度学习图像重建模型的泛化性。从不完备数据库中学习的数据驱动或模型驱动深度学习图像重建方法模型泛化性有限。例如，不同电导率介质分布的重建问题，现有深度学习图像重建方法具有一定的电导率重建范围，当背景电导率与介质电导率的对比度越接近数据库中不同相介质的对比度时，成像精度越高，而对于背景电导率低于离散相介质电导率的分布则不能重建。类似还有不同形状、不同个数离散相介质分布及时空变化的复杂分布等不同于样本库中介质分布的重建问题。在小型数据库中学习的图像重建方法由于"见识"的样本类型较少，所以对不同于数据库的多相介质分布泛化性有限，而在大型数据库学习的图像重建方法由于"见识"了较多类型样本的分布，能较准确地学习不同类型分布的统计特征，因此，大数据集学习的图像重建方法的泛化性更好。通过扩增样本是一种解决思路，但终究不可能创建一个完备的数据库，该方法不能从根本上解决问题。另一个具有挑战和突破性意义的方法是探究将图像重建数理模型融入深度学习框架中，以实现不同于训练集中样本的电导率、形状、离散相个数等多相介质分布的图像重建。

③ 深度学习图像重建方法的迁移性。目前单模态或双模态图像重建网络主要是采用仿真数据库进行训练与学习，而在不同实验测试系统、实验测试环境或多相分布流动过程的不同阶段进行高精度图像重建具有很大的挑战性，其模型的迁移能力受限制。未来可探索无监督或弱监督学习，也可通过迁移学习适应不同的测试系统或测试环境。

附录　符号对照表和缩略语说明

符号定义

序号	符号	符号定义（含义）、说明及单位
1	A	灵敏度矩阵，V/ (S/m)
2	B	磁感应强度，T
3	C	非线性映射对其输入导数的连续乘积项
4	D	电位移，C/m^2
5	E	电场强度，N/C
6	G	网络中每层输入与输出间的非线性关系
7	H	磁场强度，A/m
8	I	电流，A
9	J	电流密度，A/m^2
10	L	网络层的名称
11	M	重建图像的像素个数
12	O	目标优化函数
13	P	微分算子
14	R	正则化项
15	S	数据保真项的深度学习表示
16	T	图像先验信息的深度学习表示
17	U	电压，V
18	W	网络的损失函数
19	Y	边界测量与介质分布之间的非线性关系
20	a	密集连接信息流的数量
21	b	偏差
22	c	密集连接梯度流的数量
23	d	交叉熵损失函数
24	e	电极边界

序号	符号	符号定义（含义）、说明及单位
25	f	网络层的输出
26	g	图像重建模块数量
27	h	损失函数中不同项的系数
28	k	特征提取模块数量
29	l	LIRN网络中卷积层的层数
30	n	网络总层数
31	p	声压，Pa
32	$\boldsymbol{q}$	单模态的特征向量
33	r	电极个数
34	s	场域的边界
35	t	训练步数
36	v	LIRN网络中反卷积层的层数
37	$\boldsymbol{w}$	网络模型权重
38	$\boldsymbol{x}$	介质分布的像素向量
39	$\boldsymbol{y}$	边界测量向量
40	z	接触阻抗
41	$\varGamma$	多模态特征共享语义空间
42	$\Re$	实数域
43	$\varOmega$	图像空间区域
44	β	迭代重建算法中的可调参数
45	δ	电导率对比度
46	ε	介电常数，F/m
47	φ	场域中的电势，V
48	γ	动量系数
49	η	学习率
50	κ	$\boldsymbol{A}^{\mathrm{T}}\boldsymbol{A}$ 的特征值
51	λ	正则化系数
52	μ	磁导率，H/m

层析成像深度学习图像重建技术：电阻及电阻／超声双模态融合

序号	符号	符号定义（含义）、说明及单位
53	υ	外法线方向
54	ρ	电荷密度，C/m
55	σ	电导率，S/m
56	ξ	注意力权重

角标定义

序号	角标	角标定义（含义）、说明及含义
1	a	平均RE
2	b	平均CC
3	f	相关性矩阵维度
4	g	介质气泡
5	h	模态数量
6	i	不同的迭代步数
7	j	介质分布像素序号
8	k	测量序列的序号
9	l	网络最后一层
10	m	相关性矩阵维度
11	n	网络总层数
12	O	超声发射端
13	p	正则化指数
14	r	电极序号
15	S	特征向量空间维度
16	t	训练步数
17	w	表示介质水
18	α	声衰减系数
19	τ	超声发射端与接收端之间的距离

缩略语说明

[1] ACCC：Absolute Change of Correlation Coefficient；相关系数的绝对变化

[2] ACRE：Absolute Change of Relative Error；相对误差的绝对变化

[3] BN：Batch Normalization；批量归一化

[4] BP：Backward Propagation；后向传播算法

[5] CC：Correlation Coefficient；相关系数

[6] CL：Convolution Layer；卷积层

[7] CNN：Convolution Neural Network；卷积神经网络

[8] DBAIRN：Dual Branch Attention Image Reconstruction Net；双分支注意力图像重建网络

[9] DBCIRN：Dual Branch Concatenate Image Reconstruction Net；双分支拼接图像重建网络

[10] DL：Deconvolution Layer；反卷积层

[11] ECT：Electrical Capacitance Tomography；电容层析成像技术

[12] EIT：Electrical Impedance Tomography；电阻抗层析成像技术

[13] ERT：Electrical Resistance Tomography；电阻层析成像技术

[14] ET：Electrical Tomography；电学层析成像

[15] FB：Feature Block；特征提取模块

[16] FL：Fully-connected Layer；全连接层

[17] IIB：Initial Imaging Block；初始成像模块

[18] LBP：Linear Back Projection；线性反投影算法

[19] LIRN：Landweber Iterative Reconstruction Network；Landweber 迭代重建网络

[20] PL：Pooling Layer；池化层

[21] PT：Process Tomography；过程层析成像技术

[22] RB：Reconstruction Block；重建模块

[23] RE：Relative Error；相对误差

[24] SBIRN：Single Branch Image Reconstruction Network；单支路网络

[25] SPPB：Spatial Pyramid Pooling Block；空间金字塔池化模块

[26] TR：Tikhonov Regularization；吉洪诺夫正则化

[27] TV：Total Variation；总变差重建方法

[28] UT：Ultrasonic Tomography：超声层析成像

层析成像深度学习图像重建技术：电阻及电阻／超声双模态融合

参考文献

[1] Kolev N. Multiphase Flow Dynamics[M]. Berlin: Springer, 2005.

[2] Brennen C. Fundamentals of Multiphase Flow[M]. Cambridge: Cambridge university press, 2005.

[3] 林宗虎, 王栋, 王树众, 等. 多相流的近期工程应用趋向[J]. 西安交通大学学报, 2001, 35(9): 886-890.

[4] Dyakowski T. Process tomography applied to multi-phase flow measurement[J]. Measurement Science and Technology, 1996, 7(3): 343-353.

[5] Yao J, Takei M. Application of process tomography to multiphase flow measurement in industrial and biomedical fields: a review[J]. IEEE Sensors Journal, 2017, 17(24): 8196-8205.

[6] Beck M, Williams R. Process tomography: a european innovation and its applications[J]. Measurement Science and Technology, 1996, 7(3): 215.

[7] Beck M. Process Tomography: Principles, Techniques and Applications[M]. Oxford: Butterworth-Heinemann, 2012.

[8] Beck M, Dyakowski T, Williams R. Process tomography-the state of the art[J]. IEEE Transactions of the Institute of Measurement and Control, 1998, 20(4): 163-177.

[9] White K , Singla J, Loconte V, et al. Visualizing subcellular rearrangements in intact β cells using soft X-ray tomography[J]. Science Advances, 2020, 6(50): c8262 .

[10] Gidaro T, Reyngoudt H, Le L, et al. Quantitative nuclear magnetic resonance imaging detects subclinical changes over 1 year in skeletal muscle of gnemyopathy[J]. Journal of Neurology, 2020, 267(1): 228-238.

[11] Hernandez-Martin E, Gonzalez-Mora J. Diffuse optical tomography using bayesian filtering in the human brain[J]. Applied Sciences, 2020, 10(10): 3399.

[12] Karadima O, Rahman M, Sotiriou I, et al. Experimental validation of microwave tomography with the dbim-twist algorithm for brain stroke detection and classification[J]. Sensors, 2020, 20(3): 840.

[13] Li N, Wang L, Jia J, et al. A novel method for the image quality improvement of ultrasonic tomography[J]. IEEE Transactions on Instrumentation and Measurement, 2021, 70: 5000810.

[14] 董峰, 邓湘, 徐立军, 等. 过程层析成像技术综述[J]. 仪器仪表用户, 2001, 8(1): 6-11.

[15] 谭超, 董峰. 多相流过程参数检测技术综述[J]. 自动化学报, 2013, 39(11): 1923-1932.

[16] Opieliński K J, Celmer M, Bolejko R. Crosstalk effect in medical ultrasound tomography imaging[C]//2018 Joint Conference-Acoustics. IEEE, 2018: 1-6.

[17] 顾建飞, 田昌, 刘继承. 气液两相流超声过程层析成像理论与实验[J]. 仪器仪表学报, 2020, 41(07): 146-154.

[18] Brown B. Medical impedance tomography and process impedance tomography: a brief review[J]. Measurement Science and Technology, 2001, 12(8): 991-996.

[19] Victorino J, Borges J, Okamoto V, et al. Imbalances in regional lung ventilation: a validation study on electrical impedance tomography[J]. American Journal of Respiratory and Critical Care Medicine, 2004, 169(7): 791-800.

[20] Li X, Xu Y, He B. Magnetoacoustic tomography with magnetic induction for imaging electrical impedance of biological tissue[J]. Journal of Applied Physics, 2006, 99(6): 066112.

[21] Beck M, Byars M, Dyakowski T, et al. Principles and industrial applications of electrical capacitance tomography[J]. Measurement and Control, 1997, 30(7): 197-200.

[22] 孙春光, 何敏, 曾星星, 等. 基于ISTA的混合激励EMT金属探伤系统研究[J]. 机电工程, 2020, 37(12): 1393-1399.

[23] Cardarelli E, Fischanger F. 2D data modelling by electrical resistivity tomography for complex subsurface geology[J]. Geophysical Prospecting, 2006, 54(2): 121-133.

[24] Jiang Y, Soleimani M. Capacitively coupled electrical impedance tomography for brain imaging[J]. IEEE Transactions on Medical Imaging, 2019, 38(9): 2104-2113.

[25] Zhang W, Tan C, Dong F. Dual-modality tomography by ERT and UTT projection sorting algorithm[J]. IEEE Sensors Journal, 2020, 20(10): 5415-5423.

[26] 魏颖, 于海斌, 温佩芝, 等. ERT传感器结构研究与优化设计[J]. 仪器仪表学报, 2003, 24(6): 632-635.

[27] 谭超, 董峰, 许聪, 等. 用于两相流检测的电阻层析成像系统[J]. 东南大学学报(自然科学版), 2011, 41(S1): 125-129.

[28] Barber D, Brown B. Applied potential tomography[J]. Journal of Physics E: Scientific Instruments, 1984, 17(9): 723-733.

[29] Barber D C, Brown B H, Freeston I L. Imaging spatial distributions of resistivity using applied potential tomography—APT[C]//Information Processing in Medical Imaging: Proceedings of the 8th conference, Brussels: Springer Netherlands, 1984: 446-462.

[30] Dominik M, Bersant G, Torsten Link, et al. Clutter mitigation based on adaptive singular value decomposition in tomographic radar images for material inspection[C]. IEEE/MTT-S International Microwave Symposium, Los Angeles: IEEE, 2020: 377-380.

[31] Murai T, Kagawa Y. Electrical impedance computed tomography based on a finite element model[J]. IEEE Transactions on Biomedical Engineering, 1985, (3): 177-184.

[32] Sun B, Yue S, Hao Z, et al. An improved Tikhonov regularization method for lung cancer monitoring using electrical impedance tomography[J]. IEEE Sensors Journal, 2019, 19(8): 3049-3057.

[33] Yang W, Spink D, York T, et al. An image-reconstruction algorithm based on landweber's iteration method for electrical-capacitance tomography[J]. Measurement Science and Technology, 1999, 10(11): 1065-1069.

[34] Du Q, Bai B, Pang P, et al. An improved reconstruction method of MIT based on one-step noser[C]. International Conference on Biomedical Engineering and Biotechnology, Macao: IEEE, 2012: 723-726.

[35] Pan T, Yagle A. Acceleration of landweber-type algorithms by suppression of projection on the maximum singular vector[J]. IEEE Transactions on Medical Imaging, 1992, 11(4): 479-487.

[36] Sun J, Tian W, Che H, et al. Proportional-integral controller modified landweber iterative method for image reconstruction in electrical capacitance tomography[J]. IEEE Sensors Journal, 2019, 19(19): 8790-8802.

[37] Gordon R, Bender R, Herman G. Algebraic reconstruction techniques (ART) for three-dimensional electron microscopy and X-ray photography[J]. Journal of Theoretical Biology, 1970, 29(3): 471-481.

[38] Su B, Zhang Y, Peng L, et al. The use of simultaneous iterative reconstruction technique for electrical capacitance tomography[J]. Chemical Engineering Journal, 2000, 77(1): 37-41.

[39] Chen Y, Han J Y, Song Y, et al. A novel conjugate gradient image reconstruction algorithm for electrical capacitance tomography system[C]. International Conference on Challenges in Environmental Science and Computer Engineering, Wuhan: IEEE, 2010, 1: 260-264.

[40] 肖理庆, 王化祥, 徐晓菊. 改进牛顿-拉夫逊电阻层析成像图像重建算法[J]. 中国电机工程学报, 2012, 32(8): 91-97.

[41] Blumensath T, Yaghoobi M, Davies M. Iterative hard thresholding and L_0 regularisation[C]. IEEE International Conference on Acoustics, Speech and Signal Processing, Honolulu: IEEE, 2007, 3: 877-880.

[42] Wang Q, Wang H, Zhang R, et al. Image reconstruction based on L_1 regularization and projection methods for electrical impedance tomography[J]. Review of Scientific Instruments, 2012, 83(10): 104707.

[43] Borsic A, Adler A. A primal-dual interior-point framework for using the L_1 or L_2 norm on the data and regularization terms of inverse problems[J]. Inverse Problems, 2012, 28(9): 95011.

[44] Song X, Xu Y, Dong F. A spatially adaptive total variation regularization method for electrical resistance tomography[J]. Measurement Science and Technology, 2015, 26(12): 125401.

[45] Xu Y, Pei Y, Dong F. An adaptive tikhonov regularization parameter choice method for electrical resistance tomography[J]. Flow Measurement and Instrumentation, 2016, 50: 1-12.

[46] 马敏, 孙美娟, 李明. 基于L_p范数的ECT图像重建算法研究[J]. 计量学报, 2020, 41(09): 1127-1132.

[47] Peng L, Lu G, Sun N. A hybrid image reconstruction algorithm for electrical capacitance tomography[C]// AIP Conference Proceedings. American Institute of Physics, 2007, 914(1): 807-811.

[48] Liu Z, Yang G, He N, et al. Landweber iterative algorithm based on regularization in electromagnetic tomography for multiphase flow measurement[J]. Flow Measurement and Instrumentation, 2012, 27: 53-58.

[49] Wang B, Tan W, Huang Z, et al. Image reconstruction algorithm for capacitively coupled electrical resistance tomography[J]. Flow Measurement and Instrumentation, 2014, 40: 216-222.

[50] Yan C, Zhang D, Lu G, et al. An improved algorithm based on Landweber-Tikhonov alternating iteration for ECT image reconstruction[C]//Journal of Physics: Conference Series. IOP Publishing, 2018, 1069(1): 012178.

[51] Gomes J C, Barbosa V A F, Ribeiro D E, et al. Electrical impedance tomography image reconstruction

based on back projection and extreme learning machines[J]. Research Biomedical Engineering, 2020,36: 399–410.

[52] Fang W. A nonlinear image reconstruction algorithm for electrical capacitance tomography[J]. Measurement Science and Technology, 2004, 15(10): 2124-2132.

[53] Isaacson D, Mueller J, Newell J, et al. Imaging cardiac activity by the D-bar method for electrical impedance tomography[J]. Physiological Measurement, 2006, 27(5): S43-S50.

[54] Li Y, Yang W. Image reconstruction by nonlinear landweber iteration for complicated distributions[J]. Measurement Science and Technology, 2008, 19(9): 94014.

[55] Deabes W, Amin H H. Image reconstruction algorithm based on PSO-tuned fuzzy inference system for electrical capacitance tomography[J]. IEEE Access, 2020,8: 191875-191887.

[56] Waltz E, Llinas J. Multisensor data fusion[M]. Boston: Artech house, 1990.

[57] Liggins II M, Hall D, Llinas J. Handbook of multisensor data fusion: theory and practice[M]. Florida: CRC press, 2017.

[58] West R, Williams R. Opportunities for data fusion in multi-modality tomography[C]. //Proc. 1st World Congress on Industrial Process Tomography. 1999: 195-200.

[59] Hoyle B, Jia X, Podd F, et al. Design and application of a multi-modal process tomography system[J]. Measurement Science and Technology, 2001, 12(8): 1157-1165.

[60] Qiu C, Hoyle B, Podd F. Engineering and application of a dual-modality process tomography system[J]. Flow Measurement and Instrumentation, 2007, 18(6): 247-254.

[61] Steiner G, Wegleiter H, Watzenig D. A dual mode ultrasound and electrical capacitance process tomography sensor[C]//IEEE Sensors 2005, IEEE, 2005: 696-699.

[62] Li Y, Yang W. Measurement of multi-phase distribution using an integrated dual-modality sensor[C]//2009 IEEE International Workshop on Imaging Systems and Techniques. IEEE, 2009: 335-339.

[63] Teniou S, Meribout M. A multimodal image reconstruction method using ultrasonic waves and electrical resistance tomography[J]. IEEE Transactions on Image Processing, 2015, 24(11): 3512-3521.

[64] Duan X, Koulountzios P, Soleimani M. Dual modality EIT-UTT for water dominate three-phase material imaging[J]. IEEE Access, 2020, 8: 14523-14530.

[65] Dyakowski T, Johansen G, Hjertaker B, et al. A dual modality tomography system for imaging gas/solids flows[J]. Particle & Particle Systems Characterization, 2006, 23(3): 260-265.

[66] Pengpan T, Mitchell C, Soleimani M. Compensating for motion artefacts in X-ray CT using ellectrical impedance tomography data[C]. 6th World Congress on Industrial Process Tomography. 2010: 1132-1136.

[67] Steiner G, Soleimani M, Dehghani H, et al. Tomographic image reconstruction from dual modality ultrasound and electrical impedance data[C]//13th International Conference on Electrical Bioimpedance and the 8th Conference on Electrical Impedance Tomography. Springer Berlin Heidelberg, 2007: 288-291.

[68] Xu C, Dong F, Zhang Z. Dual-modality data acquisition system based on CPCI industrial computer[C]//2012 IEEE International Conference on Imaging Systems and Techniques Proceedings. IEEE, 2012: 567-572.

[69] Liang G, Ren S, Dong F. Ultrasound guided electrical impedance tomography for 2d free-interface reconstruction[J]. Measurement Science and Technology, 2017, 28(7): 74003.

[70] Zhang M, Ma L, Soleimani M. Dual modality ECT-MIT multi-phase flow imaging[J]. Flow Measurement and Instrumentation, 2015, 46: 240-254.

[71] 顾建飞, 苏明旭, 蔡小舒. 数字式8通道超声过程层析成像系统研制[J]. 工程热物理学报, 2016, 37(4): 785-789.

[72] 顾建飞, 贾楠, 苏明旭, 等. 集成超声透射和反射层析成像的理论与实验研究[J]. 高校化学工程学报, 2018, 32(5): 1104-1111.

[73] Tan C, Li X, Liu H, et al. An Ultrasonic Transmission/Reflection Tomography System for Industrial Multiphase Flow Imaging[J]. IEEE Transactions on Industrial Electronics, 2019, 66(12): 9539-9548.

[74] Hjertaker B, Maad R, Johansen G. Dual-mode capacitance and gamma-ray tomography using the landweber reconstruction algorithm[J]. Measurement Science and Technology, 2011, 22(10): 104002.

[75] Zhang R, Wang Q, Wang H, et al. Data fusion in dual-mode tomography for imaging oil-gas two-phase flow[J]. Flow measurement and instrumentation, 2014, 37: 1-11.

[76] Pusppanathan J, Abdul R, Phang F, et al. Single-plane dual-modality tomography for multiphase flow imaging by integrating electrical capacitance and ultrasonic sensors[J]. IEEE Sensors Journal, 2017, 17(19): 6368-6377.

[77] 邓湘, 彭黎辉, 姚丹亚, 等. 基于ECT、ERT信息融合的油/气/水参数测量研究[J]. 仪器仪表学报, 2002, (S2): 888-889.

[78] Yue S, Wu T, Pan J, et al. Fuzzy clustering based ET image fusion[J]. Information Fusion, 2013, 14(4): 487-497.

[79] Goodfellow I, Bengio Y, Courville A. Deep learning[M]. Cambridge: MIT press, 2016.

[80] Mcculloch W, Pitts W. A logical calculus of the ideas immanent in nervous activity[J]. The Bulletin of Mathematical Biophysics, 1943, 5(4): 115-133.

[81] Caporale N, Dan Y. Spike timing-dependent plasticity: a Hebbian learning rule[J]. Annual Review of Neuroscience, 2008, 31(1): 25-46.

[82] Davis R, Lii K, Politis D. Selected Works of Murray Rosenblatt[M]. New York: Springer, 2011.

[83] Hubel D, Wiesel T. Receptive fields of single neurones in the cat's striate cortex[J]. The Journal of Physiology, 1959, 148(3): 574-591.

[84] Fukushima K, Miyake S. Neocognitron: a self-organizing neural network model for a mechanism of visual pattern recognition[C]//The U.S.-Japan Joint Seminar, 1982: 267-285.

[85] Rumelhart D, Hinton G, Williams R. Learning representations by back-propagating errors[J]. Nature, 1986, 323(6088): 533-536.

[86] LeCun Y, Boser B, Denker J, et al. Backpropagation applied to handwritten zip code recognition[J]. Neural Computation, 1989, 1(4): 541-551.

[87] LeCun Y, Haffner P, Bottou L, et al. Shape, Contour and Grouping in Computer Vision[M].Berlin: Springer, 1999.

[88] Hinton G, Osindero S, Teh Y. A fast learning algorithm for deep belief nets[J]. Neural Computation, 2006, 18(7): 1527-1554.

[89] Krizhevsky A, Sutskever I, Hinton G. Imagenet classification with deep convolutional neural networks[J]. Communications of the ACM, 2012, 60: 84-90.

[90] Voulodimos A, Doulamis N, Doulamis A, et al. Deep learning for computer vision: a brief review[J]. Computational Intelligence and Neuroscience, 2018: 7068349.

[91] Young T, Hazarika D, Poria S, et al. Recent trends in deep learning based natural language processing[J]. IEEE Computational Intelligence Magazine, 2018, 13(3): 55-75.

[92] Tu Y, Du J, Lee C. Speech enhancement based on teacher-student deep learning using improved speech presence probability for noise-robust speech recognition[J]. IEEE/ACM Transactions on Audio, Speech, and Language Processing, 2019, 27(12): 2080-2091.

[93] Marashdeh Q, Warsito W, Fan L, et al. A nonlinear image reconstruction technique for ECT using a combined neural network approach[J]. Measurement Science and Technology, 2006, 17(8): 2097-2103.

[94] Zheng J, Peng L. A platform for electrical capacitance tomography large-scale benchmark dataset generating and image reconstruction[C]//2017 IEEE International Conference on Imaging Systems and Techniques. IEEE, 2017: 1-6.

[95] Zheng J, Peng L. An autoencoder-based image reconstruction for electrical capacitance tomography[J]. IEEE Sensors Journal, 2018, 18(13): 5464-5474.

[96] Zheng J, Li J, Li Y, et al. A benchmark dataset and deep learning-based image reconstruction for electrical capacitance tomography[J]. Sensors, 2018, 18(11): 3701.

[97] Zheng J, Peng L. A deep learning compensated back projection for image reconstruction of electrical capacitance tomography[J]. IEEE Sensors Journal, 2020, 20(9): 4879-4890.

[98] Tan C, Lv S, Dong F, et al. Image reconstruction based on convolutional neural network for electrical resistance tomography[J]. IEEE Sensors Journal, 2019, 19(1): 196-204.

[99] Li X, Zhou Y, Wang J, et al. A novel deep neural network method for electrical impedance tomography[J]. Transactions of the Institute of Measurement and Control, 2019, 41(14): 4035-4049.

[100] Huang S, Cheng H, Lin S. Improved imaging resolution of electrical impedance tomography using artificial neural networks for image reconstruction[C]//2019 41st Annual International Conference of the

层析成像深度学习图像重建技术：电阻及电阻／超声双模态融合

IEEE Engineering in Medicine and Biology Society. IEEE, 2019: 1551-1554.

[101] Zhu H, Sun J, Xu L, et al. Permittivity reconstruction in electrical capacitance tomography based on visual representation of deep neural network[J]. IEEE Sensors Journal, 2020, 20(9): 4803-4815.

[102] Chen Y, Li K, Han Y. Electrical resistance tomography with conditional generative adversarial networks[J]. Measurement Science and Technology, 2020, 31(5): 55401.

[103] Chen E, Sarris C. A multi-level reconstruction algorithm for electrical capacitance tomography based on modular deep neural networks[C]//2019 IEEE International Symposium on Antennas and Propagation and USNC-URSI Radio Science Meeting. IEEE, 2019: 223-224.

[104] Cheng A, Kim Y, Anas E, et al. Deep learning image reconstruction method for limited-angle ultrasound tomography in prostate cancer[C]//Medical Imaging 2019: Ultrasonic Imaging and Tomography. SPIE, 2019, 10955: 256-263.

[105] Seo J, Kim K, Jargal A, et al. A learning-based method for solving ill-posed nonlinear inverse problems: a simulation study of lung EIT[J]. SIAM Journal on Imaging Sciences, 2019, 12(3): 1275-1295.

[106] Lei J, Liu Q, Wang X. Deep learning-based inversion method for imaging problems in electrical capacitance tomography[J]. IEEE Transactions on Instrumentation and Measurement, 2018, 67(9): 2107-2118.

[107] Zheng J, Ma H, Peng L. A CNN-based image reconstruction for electrical capacitance tomography[C]//2019 IEEE International Conference on Imaging Systems and Techniques. IEEE, 2019: 1-6.

[108] Ren S, Sun K, Liu D, et al. A statistical shape-constrained reconstruction framework for electrical impedance tomography[J]. IEEE Transactions on Medical Imaging, 2019, 38(10): 2400-2410.

[109] Brown B, Seagar A. The sheffield data collection system[J]. Clinical Physics and Physiological Measurement, 1987, 8(4A): 91-97.

[110] Cheng K, Isaacson D, Newell J, et al. Electrode models for electric current computed tomography[J]. IEEE Transactions on Biomedical Engineering, 1989, 36(9): 918-924.

[111] Somersalo E, Cheney M, Isaacson D. Existence and uniqueness for electrode models for electric current computed tomography[J]. SIAM Journal on Applied Mathematics, 1992, 52(4): 1023-1040.

[112] Holder D. Electrical impedance tomography: methods, history and applications[M]. Florida: CRC Press, 2004.

[113] 王化祥. 电学层析成像[M]. 北京: 科学出版社, 2013.

[114] 彭黎辉, 陆耿, 杨五强. 电容成像图像重建算法原理及评价[J]. 清华大学学报(自然科学版), 2004, (4): 478-484.

[115] Zhao J, Dong F, Tan C, et al. Sparse regularization for small objects imaging with electrical resistance tomography[C]//2013 IEEE International Conference on Imaging Systems and Techniques. IEEE, 2013:

25-30.

[116] Kucharczak F, Mory C, Strauss O, et al. Regularized selection: a new paradigm for inverse based regularized image reconstruction techniques[C]//2017 IEEE International Conference on Image Processing. IEEE, 2017: 1637-1641.

[117] Zhang K, Zuo W, Chen Y, et al. Beyond a Gaussian denoiser: residual learning of deep CNN for image denoising[J]. IEEE Transactions on Image Processing, 2017, 26(7): 3142-3155.

[118] Zhang Y, Tian Y, Kong Y, et al. Residual dense network for image super- resolution[C]//Proceedings of the IEEE conference on computer vision and pattern recognition. IEEE, 2018: 2472-2481.

[119] McCann M T, Jin K H, Unser M. Convolutional neural networks for inverse problems in imaging: a review[J]. IEEE Signal Processing Magazine, 2017, 34(6): 85-95.

[120] Bengio Y, Deleu T, Rahaman N, et al. A meta-transfer objective for learning to disentangle causal mechanisms[C]. International Conference on Learning Representations, 2020.

[121] Jin K, McCann M, Froustey E, et al. Deep convolutional neural network for inverse problems in imaging[J]. IEEE Transactions on Image Processing, 2017, 26(9): 4509-4522.

[122] Hornik K, Stinchcombe M, White H. Universal approximation of an unknown mapping and its derivatives using multilayer feedforward networks[J]. Neural Networks, 1990, 3(5): 551-560.

[123] Hornik K, Stinchcombe M, White H. Multilayer feedforward networks are universal approximators[J]. Neural Networks, 1989, 2(5): 359-366.

[124] Barron A. Universal approximation bounds for superpositions of a sigmoidal function[J]. IEEE transactions on information theory, 1993, 39(3): 930-945.

[125] Maass W, Schnitger G, Sontag E. A comparison of the computational power of sigmoid and boolean threshold circuits[J]. Theoretical Advances in Neural Computation and Learning, 1994, 4: 127-151.

[126] Cybenko G. Approximation by superpositions of a sigmoidal function[J]. Mathematics of Control, Signals and Systems, 1992, 2(4): 303-314.

[127] Montúfar G. Universal approximation depth and errors of narrow belief networks with discrete units[J]. Neural Computation, 2014, 26(7): 1386-1407.

[128] El-Sappagh S, Abuhmed T, Riazul Islam S, et al. Multimodal multitask deep learning model for Alzheimer's disease progression detection based on time series data[J]. Neurocomputing, 2020, 412: 197-215.

[129] Rajalingam B, Priya R. Multimodal medical image fusion based on deep learning neural network for clinical treatment analysis[J]. International Journal of ChemTech Research, 2018, 11(6): 160-176.

[130] Chung S, Lim J, Noh K, et al. Sensor data acquisition and multimodal sensor fusion for human activity recognition using deep learning[J]. Sensors, 2019, 19(7): 1716.

[131] Han S, Kwak N, Oh T, et al. Classification of pilots'mental states using a multimodal deep learning

层析成像深度学习图像重建技术：电阻及电阻／超声双模态融合

network[J]. Biocybernetics and Biomedical Engineering, 2020, 40(1): 324-336.

[132] Li L, Du B, Wang Y, et al. Estimation of missing values in heterogeneous traffic data: application of multimodal deep learning model[J]. Knowledge-Based Systems, 2020, 194: 105592.

[133] O'Mahony N, Campbell S, Carvalho A, et al. Adaptive multimodal localisation techniques for mobile robots in unstructured environments: a review[C]//2019 IEEE 5th World Forum on Internet of Things. IEEE, 2019: 799-804.

[134] Ramachandram D, Taylor G. Deep multimodal learning: a survey on recent advances and trends[J]. IEEE Signal Processing Magazine, 2017, 34(6): 96-108.

[135] Baltrusaitis T, Ahuja C, Morency L. Multimodal machine learning: a survey and taxonomy[J]. IEEE Transactions on Pattern Analysis and Machine Intelligence, 2019, 41(2): 423-443.

[136] Wu P, Hoi S, Xia H, et al. Online multimodal deep similarity learning with application to image retrieval[C]//Proceedings of the 21st ACM international conference on Multimedia. 2013: 153-162.

[137] Yang W, Peng L. Image reconstruction algorithms for electrical capacitance tomography[J]. Measurement science and technology, 2002, 14(1): R1-R13.

[138] LeCun Y, Bengio Y, Hinton G. Deep learning[J]. Nature, 2015, 521(7553): 436-444.

[139] He K, Zhang X, Ren S, et al. Deep residual learning for image recognition[C]//Proceedings of the IEEE conference on computer vision and pattern recognition. IEEE, 2016: 770-778.

[140] Simonyan K, Zisserman A. Very deep convolutional networks for large-scale image recognition[C]. International Conference on Learning Representations, 2015.

[141] Szegedy C, Liu W, Jia Y, et al. Going deeper with convolutions[C]//Proceedings of the IEEE conference on computer vision and pattern recognition. IEEE, 2015: 1-9.

[142] Ronneberger O, Fischer P, Brox T. U-Net: convolutional networks for biomedical image segmentation[C]//18th International Conference on Medical Image Computing and Computer-Assisted Intervention. Springer international publishing, 2015: 234-241.

[143] Brock A, Donahue J, Simonyan K. Large scale GAN training for high fidelity natural image synthesis[C]. International Conference on Learning Representations, 2019.

[144] Dong F, Xu C, Zhang Z, et al. Design of parallel electrical resistance tomography system for measuring multiphase flow[J]. Chinese Journal of Chemical Engineering, 2012, 20(2): 368-379.

[145] Srivastava R K, Greff K, Schmidhuber J. Training very deep networks[J]. Advances in neural information processing systems, 2015, 28.

[146] Xie S, Girshick R, Dollár P, et al. Aggregated residual transformations for deep neural networks[C]//IEEE Conference on Computer Vision and Pattern Recognition. IEEE, 2017: 1492-1500.

[147] Zhang X, Li Z, Loy C, et al. PolyNet: a pursuit of structural diversity in very deep networks[C]// Proceedings of the IEEE conference on computer vision and pattern recognition. IEEE, 2017: 718-726.

[148] Huang G, Sun Y, Liu Z, et al. Deep networks with stochastic depth[C]// European Conference on Computer Vision, Springer International Publishing, 2016: 646-661.

[149] Larsson G, Maire M, Shakhnarovich A. Fractalnet: ultra-deep neural networks without residuals[C]. International Conference on Learning Representations, 2016: 1605.07648.

[150] Huang G, Liu Z, Maaten L. Densely connected convolutional networks[C]. IEEE Conference on Computer Vision and Pattern Recognition. IEEE, 2017: 4700-4708.

[151] Lin C, Ding Q, Tu W, et al. Fourier dense network to conduct plant classification using uav-based optical images[J]. IEEE Access, 2019, 7: 17736-17749.

[152] Liu S, Jia J, Zhang Y, et al. Image reconstruction in electrical impedance tomography based on structure-aware sparse bayesian learning[J]. IEEE Transactions on Medical Imaging, 2018, 37(9): 2090-2102.

[153] Kim B, Khambampati A, Kim S, et al. Electrical resistance imaging of two-phase flow using direct landweber method[J]. Flow Measurement and Instrumentation, 2015, 41: 41-49.

[154] Tian W, Sun J, Ramli M F, et al. Adaptive selection of relaxation factor in landweber iterative algorithm[J]. IEEE Sensors Journal, 2017, 17(21): 7029-7042.

[155] 张濰, 谭超. 透射式油水两相流超声检测系统设计与测试[J]. 中南大学学报(自然科学版), 2016, 47(09): 3252-3257.

[156] Glover G H, Sharp J C. Reconstruction of ultrasound propagation speed distributions in soft tissue: time-of-flight tomography[J]. IEEE Transactions on Sonics and Ultrasonics, 1977, 24(4): 229-234.

[157] Vaswani A, Shazeer N, Parmar N, et al. Attention is all you need[J]. Advances in neural information processing systems, 2017, 30.

[158] Kim J H, Jun J, Zhang B. Bilinear attention networks[J]. Advances in neural information processing systems, 2018, 31.

[159] Fang P, Zhou J, Roy S, et al. Bilinear attention networks for person retrieval[C]//Proceedings of the IEEE/CVF international conference on computer vision. 2019: 8030-8039.